맛있는 요리를 만드는 레시피가 있는 것처럼 웃음, 힐링, 성장을 만드는 레시피도 있을까요?
레시피팩토리는 모호함으로 가득한 이 세상에서 당신의 작은 행복을 위한 간결한 레시피가 되겠습니다.

만성염증과 독소 잡는

쿡언니네 채소 항염식

VEGGIE
RECIPE

PROLOGUE

매일 먹던 그 채소들 덕분에
염증에서 벗어나 건강을 되찾았어요

아침부터 고기를 구워 먹는 집이었어요

바깥 음식을 자주 먹는 건 아니었지만, 기회가 되면 즐기는 편이었어요.
특히 달콤한 디저트를 먹으며 기분 전환하는 것을 좋아했지요(지금도 초콜릿과
초코 아이스크림의 유혹은 여전히 크답니다). 아침은 잼이나 버터를 바른
빵 한 조각에 커피를 곁들여 해결하고, 한창 밖에서 일할 때는 밤늦게 들어와
늦은 저녁 식사를 한 후 소화할 틈도 없이 쓰러져 자기 바빴습니다.

아들들이 고기를 너무 좋아해서 함께 식사하는 시간은 아침부터 고기를 구워
먹기도 했어요. 저희 남편은 또 어떻고요. 세 끼는 무조건 먹어야 하고,
후루룩 먹는 면요리나 진하고 뻘건 국물요리를 좋아했어요. 배가 고프면
잠에 들지 못해 한밤중에도 음식을 찾는 일이 다반사였답니다.

병은 아니라는데, 몸이 너무 아팠습니다

그러던 어느 날, 몸이 살려달라고 신호를 보내기 시작했습니다. 얼굴에는
원인 모를 가려움증이 시작되었어요. 피부과와 한의원을 오갔지만 나아지지
않는 통에 잠을 이루지 못하는 날들이 많아졌고, 급기야 침대에 눕는 것 자체가
공포일 지경이었어요. 그렇게 피곤한 날들이 한 달 이상 지속되자 생활은 점점
엉망이 되어갔습니다.

단순한 피부 문제가 아닌가 싶어 여러 검사를 했지만 특별한 이상이 발견되지는
않았어요. 단지, 만성염증이 문제였습니다. 늘 염증 수치가 높았습니다.
즉 혈액 속에 염증 물질이 계속 돌고 있는 상태였지요. 특별한 치료법은
없다고 하더군요. 그때부터 자연스럽게 건강한 식재료에 관심을 갖게 되었고,
본격적으로 식습관을 돌아보게 되었습니다.

아침 식사부터 바꿨습니다

건강한 식사에 관심을 갖게 된 후 제일 먼저 바꾼 게 아침 식사였어요.
밥이나 빵 대신 무지개 색의 다양한 채소와 과일을 식탁에 올렸어요.
조리법에도 변화가 있었는데, 이전에는 기름에 볶거나 굽는 요리를 주로
했다면 이제는 찜기에 찌는 방법을 애용합니다. 채소를 찜기에 찐 후 사과나
아보카도를 곁들여 먹거나, 감자, 단호박, 달걀을 함께 쪄서 간편하게 먹을 수도
있고, 찐 두부에 통들깨와 들기름을 살짝 둘러 간단하게 먹기도 하지요.
찌는 조리법은 기름을 사용해 볶거나 굽는 것에 비해 소화가 잘되고
재료의 맛에 더 집중할 수 있으며, 만성염증의 주범 중 하나인 당독소의
위험에서 벗어나게 해줍니다.

이렇게 신선한 채소와 과일을 기본으로 적절한 단백질과 건강한 지방을
섭취한 지 얼마 지나지 않아 몸이 변하기 시작했어요. 저를 지독히 괴롭히던
가려움증이 서서히 사라졌고, 몸이 가벼워지면서 에너지가 넘치는 걸 느꼈어요.
수면의 질이 좋아졌고 덕분에 규칙적인 생활 패턴에 몸이 맞춰지니
하루하루가 더 즐거워졌답니다. 남편의 변화는 더 드라마틱 했어요.
그렇게 빼려고 해도 빠지지 않던 체중이 10kg 가량 빠지면서 혈당이 정상으로
돌아왔고, 뒷목이 뻐근하던 증상도 말끔히 사라졌어요. 몸이 가벼워지니
무릎에 무리가 덜해 운동도 더 열심히 할 수 있게 되었지요.

이제 제게 주방은 멋진 실험실이 되었습니다

제 유튜브나 인스타 채널을 보신 분들이라면 알겠지만, 저는 쉽게 접할 수
있는 흔한 채소로 누구나 맛있고 건강한 요리를 만들 수 있는 방법을 개발해
소개하고 있습니다. 특히 애정하는 채소는 양배추인데요, 어느 날 냉장고에
반쪽짜리 양배추를 보고 고민에 빠졌습니다. 어떻게 활용할지 생각하다가
문득 떠오르는 대로 양배추를 뜨거운 물에 담갔는데, 그 맛이 놀라울 정도로
깊었어요. 양배추가 이렇게 달고 부드럽다니! 양배추의 새로운 매력을 발견하는
순간이었습니다. 54쪽에 레시피를 실었으니 꼭 따라해보세요.
이렇게 제 주방은 이제 건강과 행복을 만드는 작은 실험실이 되었어요.
재료가 가진 자연의 맛과 영양을 느끼는 순간, 요리는 단순한 식사 준비 이상의
의미를 가지게 됩니다.

설탕과 소금을 잠시 옆으로 빼두고 허브와 향신료의 세계로 들어가보세요.
바질, 부추, 마늘 등 자연 향신료가 주는 풍부한 맛은 인공의 것과 비교할 수
없답니다. 아직 마음의 준비가 덜 됐다면, 갈아 놓은 후추 대신 통후추를
그라인더에 직접 갈아 요리에 뿌리는 것부터 시작하세요. 후추 고유의 향을
알게 되면 예전으로 돌아갈 수 없을 거예요.

또한 빨간 토마토, 노란 파프리카, 초록 브로콜리 등 다양한 색깔의 채소와
과일을 식탁에 올려보세요. 다채로운 색이 주는 시각적 즐거움과 다양한
영양소는 식사 시간을 더욱 특별하게 만듭니다. 그리고 좋아하는 그릇에
요리를 담아보세요. 예쁘게 차려 먹으면 나를 귀하게 대접하는 기분이 들고,
함께 먹는 사람 역시 기분 좋게 식사를 즐길 수 있습니다.

이 작은 변화가 모여 여러분의 일상에 큰 차이를 만들어 낼 거예요. 주방이라는
멋진 실험실에서 건강과 행복을 창조하는 즐거움을 만끽하길 바랍니다.

건강한 집밥의 의미는 단순히 몸에 좋은 음식을 먹는 게 아닙니다

가족과 함께 건강을 돌보며 삶의 질을 높이는 것, 이것이 바로 건강한 집밥의
참된 의미라고 생각해요. 여기서 핵심은 쉽게 구할 수 있는 신선한 재료로,
간단하지만 맛있고 영양가 높은 식사를 준비하는 거예요. 제가 경험을 통해
얻은 이 노하우를 이제 여러분과 공유하고자 합니다.

이 책은 저와 가족의 변화를 기록한 작은 결실입니다. 만성염증을 겪고 있거나,
어떤 특정 질병으로 식습관을 바꾸고 싶은 분, 갱년기 증상으로 고생하는 분,
체중 감량을 원하는 분 혹은 단순히 건강한 식습관으로의 전환을 고민하는
분들께 작은 도움이 되었으면 합니다.

건강한 식단은 가족, 친구들과 함께 할 때 더 즐겁고 의미 있는 일이 됩니다.
이 요리책이 건강한 식생활의 길잡이가 되어 더 많은 사람들이 행복한 삶을
누릴 수 있길 바랍니다.

2024년 12월 겨울의 문턱에서
쿡언니네 이재연

CONTENTS

GUIDE

쿡언니네가 알려주는
만성염증과 채소 항염식 이야기

78

RECIPE

매일 먹는 흔한 채소로 심플하게 만드는
쿡언니네 채소 항염식

PART 1. 항염 채소 10가지 집중 탐구 레시피

113

12

166

190

PART 2. 항염 채소들을 다채롭게 조화시킨 레시피

샐러드

수프

220

이 책의 모든 레시피는요!

☑ 표준화된 계량도구를 기본으로 사용합니다.

- 1컵은 200㎖, 1큰술은 15㎖, 1작은술은 5㎖ 기준입니다.
- 계량도구 계량 시 윗면을 평평하게 깎아 계량해야 정확합니다.
- 밥숟가락은 보통 12~13㎖로 계량스푼(큰술)보다 작으니 감안해서 조금 더 넉넉히 담아야 합니다.

☑ 채소는 중간 크기를 기준으로, 소금은 꼬집과 약간으로 표기합니다.

- 개수로 표시된 모든 채소는 너무 크거나 작지 않은 중간 크기를 기준으로 합니다.
- 소금 1꼬집은 엄지와 검지로 소금을 가볍게 집은 분량을 뜻하며, 약간이라고 표기된 경우는 간을 보며 기호에 맞게 소금을 더합니다.

GUIDE

쿡언니네가 알려주는 만성염증과 채소 항염식 이야기

특별한 병이 있는 건 아닌데 이유 없이 머리가 아프고, 피부가 간지럽고, 소화가 잘 되지 않나요? 이러한 증상이 장기적으로, 간헐적으로 나타나고 있나요? 그렇다면 무엇보다 **만성염증**을 의심해야 합니다. 혈액 속에 염증 물질이 계속 떠돌아다니며, 우리의 몸과 마음을 끊임없이 괴롭히는 것이지요.

가이드편에서는 저를 괴롭혔던 **만성염증**에 대해 알려드리면서, 여기서 벗어나기 위해 제가 찾은 최고의 방법 **채소 항염식**에 대해 소개하겠습니다. 특히 만성염증 탈출에 좋은 필수 채소 10가지는 꼭 기억해두세요. 제가 그랬던 것처럼 여러분도 매일 먹는 이러한 흔한 채소들의 놀라운 힘을 느끼며, 건강을 되찾게 될 것입니다.

우리 몸의 불청객, 만성염증

우리 몸에는 '염증'이라는 손님이 있습니다. 대부분의 경우 반갑지 않은
방문객이지만, 때로는 일시적으로 유익하기도 합니다. 만약 손가락을 베었다면
염증이 찾아와 상처를 치유합니다. 그러나 이 손님이 오랫동안 머무르기로
결심한다면 이야기가 달라집니다. '만성염증'은 끊임없이 우리를 괴롭히고
집안을 어지럽히며, 심지어 가구를 부수기도 하는 골치 아픈 불청객입니다.

병으로 발전하기 전에는 알아차리기 쉽지 않아요!

만성염증 물질은 혈액을 타고 돌아다니며 몸에 문제를 일으킵니다.
우리 몸은 머리 끝부터 발가락 끝까지 어느 한 군데 빠짐없이 구석구석
혈액이 흐릅니다. 이 말은 즉, 만성염증은 신체의 모든 곳을 공격할 수
있다는 의미입니다.

피부를 망가뜨려 피부 건조, 여드름, 아토피 같은 질환을 일으키기도 하고,
혈관을 손상시켜 고혈압, 동맥경화 같은 문제를 만들기도 합니다.
신경계에 영향을 미치면 우울증이 나타나기도 하고, 비만이나 당뇨병, 암
등의 위험도 높입니다. 이렇게 무시무시한 병명만 봐도 만성염증은 간과해선
안되는 문제인데, 더 큰 문제는 나에게 어떤 병명이 생기기 전까지는 알아채기
어렵다는 겁니다.

PLUS 만성염증 확인하기

내과나 가정의학과에서 혈액 검사를 통해 염증 수치를 확인할 수 있습니다.
그러나 단시간에 급격히 수치가 높아지는 급성염증과 달리, 만성염증은 수치가 낮고
오래 지속되는 것이 특징이므로 혈액 검사 한 가지로는 이상이 드러나지 않을 수도
있습니다. 정확한 진단을 위해서는 전문의의 종합적인 판단이 필요합니다.

삶의 질을 떨어뜨리는 증상들

만성염증은 마치 숨바꼭질의 고수처럼 여기저기 숨어 다니며 우리를 괴롭힙니다.
요즘 이유 없이 피곤하거나, 피부에 트러블이 생겼나요? 왠지 모르게 불안한 마음이
드나요? 그렇다면 만성염증이 범인일 수 있습니다.

아침에 일어나기 힘들어요
몸속에 만성염증이 숨어 있다면 피곤함이 아침 인사처럼 찾아옵니다.
알람 소리에도 눈을 뜰 수 없고 오전 내내 눈꺼풀이 내려앉지요. 기운 없고
무기력한 하루가 이어져 만성피로가 되면 삶의 질이 크게 떨어집니다.

여드름이 생겨요
염증은 피부에도 자주 모습을 드러내요. 여드름이 나거나 가렵고 붉은 발진이 생기기도 하지요.
마치 피부가 염증과 싸우는 전쟁터가 된 것처럼 평소보다 민감하고 예민해집니다. 피부 문제는
증상 자체도 괴롭지만 장기화되면 외모에 대한 자신감을 떨어트려 심리적 문제가 생기기도 해요.

몸이 쑤시고 아파요
만성염증이 몸의 구석구석을 돌아다니며 관절통과 근육통을 일으켜요. 무거운
짐을 들고 있는 것처럼 몸 전체가 쑤시고 아프기도 합니다. 증상은 특히 아침에
더 심해져서 침대에서 일어날 때마다 몸이 뻣뻣하고 움직이기 힘들어요.

소화가 안 돼요
평소처럼 먹었을 뿐인데 소화가 잘 안 되나요? 만성염증이 위나 장에서 문제를
일으키면 소화 불량과, 설사, 변비 같은 문제가 발생합니다. 맛있는 음식을 먹고
싶은 마음은 굴뚝같지만 먹고 나면 속이 불편할까 망설이게 돼요.

기분이 울적해요
만성염증은 우리의 마음에도 영향을 미칩니다. 기분이 울적해지고 불안감이
생기며 때로는 이유 없이 화가 나기도 하지요. 이런 증상은 염증으로 인한 것임을
알아차리기가 특히 어려워 상태가 더욱 악화되기도 합니다.

만성염증의 주범, 당독소

만성염증에는 여러 가지 원인이 있지만, 요즘 많이 언급되는 것 중 하나가
'당독소'입니다. 아침 식사로 잼을 듬뿍 바른 빵 한 조각을 먹고
달콤한 라테 한 잔을 마시면 우리 몸에는 많은 당분이 흘러 들어갑니다.
남은 당분은 몸속 여기저기 돌아다니다가 끈적끈적한 물질을 만들어내는데,
이것을 '당독소(AGEs, Advanced Glycation End Products)'라고 부릅니다.
과도한 섭취로 몸에서 쓰이지 못하고 남은 혈액 속 과잉 당이 단백질에
들러붙어 만들어지는 독성 물질인 것이지요.

가공식품과 기름에 튀긴 음식을 특히 주의해요!

설탕이 많이 들어있거나 정제 탄수화물로 만든 음식, 튀긴 음식 등을 먹으면
이런 당독소가 더 많이 생깁니다. 달콤한 빵과 과자, 노릇하게 튀긴 치킨,
구운 바비큐나 스테이크, 햄버거와 감자튀김 등은 대표적으로 당독소가
높은 음식입니다. 이런 음식을 통해 체내에 쌓인 당독소는 염증 반응을
활성화하고 악화시키는 만성염증의 주범이 됩니다.

당독소를 일으키는 것들

만성염증에서 벗어나기 위해서는 건강한 음식을 먹는 것도 중요하지만,
애초에 찾아오지 못하게 막는 것이 더 중요해요. 아래와 같은 음식은 당독소를
많이 유발하므로 되도록 적게 먹는 것이 좋습니다.

 설탕과 가공된 당류
초콜릿, 케이크, 쿠키,
시리얼, 탄산음료 등 우리를
유혹하는 달콤한 음식은
혈당을 급격히 올리고, 인슐린
저항성을 높여 만성염증을
유발할 수 있어요.

 정제된 곡물
흰쌀밥, 흰빵, 흰국수 등 정제된 곡물과 그 가공품도 줄여야
합니다. 정제된 곡물은 섬유질이 제거되어 혈당을 빠르게 올리고,
혈당을 낮추기 위해 인슐린이 과도하게 분비되면 포도당 농도가 낮아져
다시 탄수화물을 찾는 악순환이 벌어집니다. 결국 체지방이 축적되고,
고혈압이나 대사증후군의 위험이 커져요.

 트랜스지방과 포화지방
기름진 음식의 과도한 섭취는 염증을
일으켜요. 여기서 문제가 되는 지방은 필요에
의해 만들어낸 트랜스지방과 동물성 지방인
포화지방으로, 트랜스지방은 마가린이나 감자튀김,
도넛, 크래커 등에 숨어 있고, 포화지방은
붉은 고기, 치즈, 버터 등에 들어있습니다.

 알코올과 카페인
다량의 알코올과 카페인 섭취에도 주의가
필요해요. 알코올 섭취는 간에 부담을 주고 염증을
유발하며, 카페인은 신경계를 자극해 스트레스
호르몬을 증가시킬 수 있습니다.

 과도한 나트륨
가공식품, 패스트푸드 등에는 나트륨이 많이 들어있어 혈압을
높이고 결과적으로 심혈관 질환을 유발합니다. 밀키트 식품이나
외식에서 나트륨 섭취가 많이 일어나므로 되도록 건강한 집밥을 먹는
것이 좋아요. 집밥이라도 국이나 찌개 등의 국물 요리를 줄이고, 간장과
된장, 고추장을 너무 많이 사용하지 마세요.

만성염증 몰아내는 식사 습관

이미 만성염증이 몸속에 자리 잡아 불편함을 겪고 있나요? 너무 걱정하지 마세요. 불청객을 내쫓을 방법이 있습니다. 집안을 청소하고 방어 시스템을 구축하면 되는데, 그 비밀 무기가 바로 '항염 식단'입니다.

가장 중요한 것은 신선한 채소와 과일입니다

빨간 토마토의 리코펜은 염증을 몰아내고, 브로콜리의 설포라판은 세포를 보호하고 해독을 돕습니다. 주황색 당근의 베타카로틴은 면역력을 높이고 염증을 완화합니다. 이 외에도 채소와 과일은 염증을 줄이는 강력한 성분을 많이 가지고 있습니다.

좋은 지방을 선택해서 먹는 것도 중요합니다

콩기름이나 해바라기씨유, 포도씨유 대신 올리브오일, 아보카도오일, 들기름을 선택하세요. 고기를 고를 때는 좋은 환경에서 항생제 없이 자란 것인지 확인합니다. 관리되지 않은 동물의 지방을 먹는 것은 그 속에 모아둔 독소를 함께 먹는 것과 같습니다.

건강한 항염식의 첫걸음은 집밥입니다

집에서 만드는 음식은 신선한 재료로 직접 조리하고, 내 몸에 필요한 영양소를 맞춤 제공할 수 있으며, 자연스러운 맛으로 천천히 즐길 수 있습니다. 건강하게 조리된 음식을 천천히 먹어야 소화가 잘되고 포만감이 더 오래 유지됩니다. 적당한 양의 음식을 먹는 것도 중요합니다. 과식은 소화에 부담을 주고 염증을 유발합니다.

정해진 시간에 규칙적으로 식사합니다

규칙적인 식사 시간은 몸의 생체 리듬을 안정시키고 혈당을 일정하게 유지하는 데 도움을 줍니다. 때로는 일정 시간 공복 상태를 유지하는 간헐적 단식이 도움이 될 수도 있습니다. 공복 상태에서는 몸이 자가 포식을 시작하고 손상된 세포와 독소를 제거합니다. 이 과정은 염증을 줄이는 데 매우 효과적이며 공복 상태에서는 혈당의 급격한 변동이 일어나지 않습니다.

항염 식단에 올려야 하는 식품들

만성염증을 몰아내기 위해 우리는 몸에 좋은 음식을 먹어야 합니다. 건강한 음식이라고 하면 왠지 맛이 없고 지루할 것 같지만, 전혀 그렇지 않습니다. 맛있고 건강한 식탁의 비밀을 하나씩 풀어볼까요?

✓ 컬러풀한 과일과 채소
만성염증을 줄이는 첫걸음은 다양한 색의 과일과 채소를 먹는 것입니다. 빨강, 노랑, 초록, 보라 등 무지개 색의 과일과 채소를 접시에 담아보세요. 토마토, 블루베리, 시금치, 당근, 브로콜리, 양배추 등은 우리 몸에 필요한 비타민과 항산화제를 가득 담고 있습니다.

✓ 통곡물
현미, 보리, 귀리 등 통곡물의 껍질에는 항암과 항산화 작용을 하는 영양소가 들어있으며, 섬유질이 풍부해 소화를 돕고 혈당을 천천히 올립니다. 흰쌀밥은 현미밥으로 바꾸고, 빵이나 국수는 통밀 제품을 이용하세요. 요즘은 마트에서도 통밀국수나 통밀파스타를 쉽게 찾아볼 수 있습니다.

✓ 식물성 단백질
염증을 줄이기 위해서는 동물성 단백질보다 식물성 단백질을 많이 섭취하는 게 좋다고 해요. 검은콩, 병아리콩, 완두콩, 렌틸콩 등의 콩류는 항염 효과가 있는 훌륭한 식물성 단백질 공급원으로, 특히 렌틸콩은 대표적인 항산화 물질인 폴리페놀의 함량이 높습니다.

✓ 건강한 지방
몸속에서 오메가-3 지방산보다 오메가-6 지방산의 비율이 높아지면 염증이 유발돼요. 그러므로 우리는 오메가-3 지방산의 섭취에 더 집중해야 합니다. 고등어, 호두, 신선한 들기름, 올리브오일과 친해지세요. 고소한 견과류는 입이 심심할 때 먹기 좋은 최고의 영양 간식입니다.

✓ 향신 채소와 허브
강황, 생강, 마늘, 파슬리, 바질, 타임 등 다양한 허브와 향신료를 요리에 적극 활용하세요. 음식의 맛도 좋아지고 염증도 줄일 수 있습니다. 특히 강황은 항염증 효과가 뛰어난 것으로 알려져 있어요. 카레에 더하거나 밥을 할 때 한 숟가락씩 넣으면 거부감 없이 먹을 수 있답니다.

이제 집밥은 만성염증 잡는 채소 항염식으로!

18~21쪽에서 만성염증을 몰아내는 식사 습관과 항염 식단을 위해
적극 활용해야 하는 식품들을 소개했는데요, 이것의 핵심은 바로
'채소 항염식을 하자'는 것입니다.

> 채소 항염식은
> 항염 효과가 있는
> 익숙한 채소들로
> 단순하게 만들어
> 매일 먹는 채소 중심의
> 건강 밥상입니다.

왜 채소 항염식을 해야할까요?

첫째,
채소에는 폴리페놀, 비타민, 미네랄 등 만성염증을 줄이는 영양소가 풍부합니다.

둘째,
파이토케이컬 등 강력한 항산화 물질이 풍부해 활성산소를 중화합니다.

셋째,
식이섬유가 풍부해 장내 미생물을 조절하고 염증 반응을 완화합니다.

넷째,
비타민과 미네랄이 면역 시스템을 강화해 염증 반응을 조절합니다.

채소를 먹는다? 아니 즐긴다!

갑자기 채소를 많이 먹는 게 말처럼 쉽지 않을 거예요. 채소를 단순히 '먹어야 하는 것'이 아니라 '즐길 수 있는 것'으로 인식하면 건강한 식습관을 형성하는 데 도움이 됩니다. 평소 그냥 지나쳤던 채소에 눈길을 주고 호기심을 가져보세요.

마트에 갈 때마다 오늘은 어떤 채소가 있는지 살피다 보면 어느새 새로운 채소가 눈에 들어오기도 하고, 자연스레 제철 재료를 알게 됩니다. 그렇게 관심을 갖고 바라보면 그 재료가 궁금해지고, 어느새 장바구니에 넣고 있는 자신의 모습을 보게 될 거예요.

조리법과 조리 도구도 중요해요

아무리 염증에 좋은 채소라도 '어떻게' 먹는지에 따라 효과가 달라져요. 고온의 기름에 굽거나 튀기는 조리법은 만성염증의 원인이 되는 당독소를 많이 발생시키므로, 같은 재료라도 찌는 조리법을 선택하는 것이 좋습니다.

또한 건강을 생각한다면 주방에서 사용하는 조리 도구를 살펴볼 필요가 있어요. 비닐이나 플라스틱은 환경호르몬 등 유해 물질을 발생시키므로 되도록 스테인리스 스틸이나 주물, 질 좋은 실리콘, 나무 등의 소재를 사용합니다.

항염 효과가 뛰어난 흔한 채소 다시 보기

채소 항염식에서 가장 중요한 것은 '늘 곁에 있어 몰랐던' 재료의 재발견입니다. 양배추, 토마토, 당근, 애호박, 버섯… 늘 냉장고에 있는 이런 '흔한' 재료만으로도 맛있고 영양가 있는 집밥을 얼마든지 만들 수 있습니다.

부재료로만 생각했던 재료가 다양한 조리법을 만나 주인공이 되는 순간, 지금까지 몰랐던 맛을 발견하게 될 거예요. 식단의 지속 가능성을 생각했을 때도 일 년에 잠깐 나오는 재료보다 일상적인 재료를 사용하는 편이 훨씬 경제적이고 효율적입니다.

주재료 매일 식탁에 올리는 항염 채소 10가지

양배추

- 양배추의 매운맛 성분인 글루코시놀레이트는 항암, 항염, 항산화 작용을 해요.
- 양배추에 풍부한 비타민 U는 만성 위염을 완화하고 상처 난 위장과 식도 점막의 회복을 돕는 역할을 합니다.

  💡 풍부한 섬유질로 인해 소화력이 떨어지는 사람에게는 되레 역효과가 날 수 있으니 섭취량의 조절이 필요해요.

- 적양배추는 붉은색에 들어있는 안토시아닌 등의 항산화 성분이 일반 양배추보다 더 풍부하며, 단맛과 매운맛이 양배추보다 약간 강한 편입니다.
- 방울양배추는 크기가 작아 볶음이나 샐러드에 활용하기 좋아요.

  💡 약간의 쓴맛이 느껴질 수 있는데, 조리 전에 반으로 썰어 물에 잠시 담가두거나 고온에서 짧게 조리하면 쓴맛이 줄어듭니다.

당근

- 주황색 색소인 베타카로틴은 강력한 항산화 물질로, 체내에 흡수되면 비타민 A로 전환되어 눈의 피로도를 낮추고 노화를 방지하며 면역력을 올려줍니다.
- 당근을 생으로 먹으면 베타카로틴의 흡수율이 10% 정도이지만 삶으면 20~30%로 올라가고, 기름에 볶으면 60%까지 높아지므로 되도록 조리해서 먹는 것을 권장해요.

  💡 당근의 껍질에도 영양이 가득하기 때문에 껍질을 전부 벗기는 것보다 되도록 깨끗이 씻어서 최소한으로만 벗기는 것이 좋습니다.

토마토

- 토마토에는 리코펜을 비롯한 여러 항산화, 항염 물질이 들어있어 체내 염증을 줄이고 다양한 만성질환, 특히 심혈관 질환을 예방할 수 있어요.
- 리코펜은 자외선으로부터 손상된 피부를 회복시키고, 멜라닌 색소 생성을 억제해 잡티나 기미가 생기지 않게 합니다.

  💡 토마토를 익히면 이 좋은 성분의 농도가 높아지는데, 특히 기름에 조리하면 리코펜이 기름에 녹아 더 효과적으로 섭취할 수 있어요.

브로콜리

- 이탈리아어로 '꽃이 피는 끝부분'이라는 이름에서 알 수 있듯이, 4만~7만 개의
꽃봉오리로 이루어진 채소예요. 우리가 먹는 브로콜리는 꽃이 피기 직전의 꽃망울인
셈이지요.
- 브로콜리의 설포라판은 항암 성분으로 암을 예방하며, 폐를 보호하는 효과가 뛰어나요.
설포라판은 브로콜리를 썰었을 때 세포벽이 깨지면서 합성되는데, 썰어두고 약 90분
후에 먹는 것이 가장 좋다는 연구 결과가 있습니다.

💡 찜으로 조리할 때 항암 성분이 제일 많이 증가하고, 끓는 물에 데치면 감소한다는
연구 결과도 있으니 참고하세요.

애호박

- 애호박에 풍부한 비타민 A는 눈을 보호하고 피부 건강에도 도움이 됩니다.
- 100g당 17kcal밖에 안 되는 저열량 식품인 데다가, 비타민 B 복합체인 리보플래빈이
탄수화물을 에너지로 전환하기 때문에 다이어트 식품으로 제격이지요.

💡 애호박과 비슷하지만 색이 더 진하고 크기가 큰 주키니는 애호박보다 단단해서 다양한
요리에 활용할 수 있어요.

가지

- 가지의 갈락토시드라는 성분이 콜레스테롤을 낮추고 혈압 조절에 도움을 주며,
혈당을 안정화해 당뇨 예방과 관리에 좋아요.
- 가지는 고온의 열을 가해도 영양 손실이 적은 채소예요. 가지의 항산화 성분인
안토시아닌은 열을 가하면 농축되어 영양이 더 좋아집니다.

💡 수분 함량이 높아 기름에 구우면 수분이 빠져나가면서 영양 성분의 밀도가 더 높아져요.

무

- 소화 효소가 들어 있어 속을 다스리는 효과가 있으며, 비타민 C 함량이 사과의 10배로
해독 작용이 뛰어나요.
- 무의 톡 쏘는 맛을 내는 시니그린이라는 성분은 기관지에 작용해 기침을 완화하고
가래를 묽게 해주기 때문에 환절기에 특히 유용합니다.

💡 무에 들어있는 영양소는 열에 약한 것이 많으므로 가급적 생으로 먹거나 짧게 조리하는
것이 좋아요.

비트

- 비트는 무, 당근처럼 겨울이 제철인 뿌리채소로, 다른 채소보다 활성산소 제거 능력이 몇 배 탁월해 세계 10대 슈퍼푸드에 선정되기도 했어요.
- 비트의 베타인 성분은 간의 해독 작용을 돕고, 내장 지방을 줄이는 효과가 있습니다.
- 비트는 철분이 풍부해 빈혈을 예방하며 혈관 건강에 도움을 주지요.

  💡 과다 섭취 시 복부팽만이나 복통을 일으킬 수 있으므로 한 번에 많은 양을 먹지 않도록 주의합니다.

콜라비

- 맛과 식감이 무와 비슷해 자주 비교되는 콜라비는 무보다 매운맛이 없고 맛이 순해요.
- 콜라비에 풍부한 칼륨은 나트륨 배출을 도와 고혈압을 예방하고 심혈관 건강에 도움을 줍니다.
- 보라색 껍질에 들어있는 안토시아닌은 노화 방지와 눈의 피로에 효과적입니다. 또한 암 환자의 암세포 증식을 줄여주는 효과도 있습니다.

  💡 안토시아닌은 물에 오래 담그면 영양소가 빠져나가므로 살짝만 헹구는 것이 좋고, 열에는 강한 편입니다.

버섯

- 버섯에는 베타글루칸, 키틴 등 강력한 항산화 성분이 풍부하게 함유되어 있어 노화를 지연시키고 몸의 면역 시스템을 강화해요.
- 버섯에는 콜레스테롤 감소와 면역 조절, 항염증, 항산화, 항암 등의 작용을 하는 파이토스테롤이 풍부한데, 특히 구운 버섯에서 함유량이 높아지는 것으로 알려져 있어요.
- 버섯은 주로 햇빛을 통해 합성해야 하는 비타민 D의 급원이기도 해요.

  💡 표고버섯을 얇게 썰어 햇빛에 두면 비타민 D가 더 많이 생성된다고 해요.

부재료 1

영양, 풍미, 색감까지 높이는 식품 6가지

양파

- 알싸한 맛은 열을 가하면 설탕의 50배에 달하는 단맛 성분으로 변해 맛있는 감칠맛을 냅니다.
- 봄 양파는 수분이 많고 단맛이 강하면서 매운맛이 적어 생으로 먹기 좋아요. 가을 양파는 단단하면서 단맛과 매운맛의 균형이 잘 잡혀 있어 볶음이나 스튜, 수프 등에 잘 어울립니다.
- 양파에는 퀘세틴이라는 성분이 있는데, 세포의 염증과 상처의 회복을 돕고 몸에 나쁜 활성산소로부터 위나 장의 세포가 공격당하는 것을 막아줍니다.

레몬

- 드레싱, 마리네이드, 소스 등에 사용하면 맛을 올려주고, 생선이나 고기요리에 뿌려 풍미를 더할 수 있어요.
- 비타민 C가 하루 필요량의 64%나 들어있어 물이나 차에 넣어 마시기만 해도 감기 예방에 도움이 됩니다.

셀러리

- 열량이 매우 낮아 '마이너스 칼로리'라고도 불려요.
- 상큼하면서 고소한 맛과 아삭한 식감이 좋아 샐러드에 넣거나 스틱 모양으로 썰어 간식으로 먹기도 좋습니다.
- 잎 부분은 수프나 스무디에 넣어 향을 더할 수 있어요.
- 셀러리는 대부분 물로 이루어져 있어 수분 보충에 효과적이에요. 또한 칼슘 함량이 높아 뼈 건강에도 도움을 줍니다.

오이

- 아삭하고 시원한 맛 덕택에 여름철에 많이 사용하는 재료로, 샐러드나 무침요리, 스무디에 주로 활용합니다.
- 간혹 쓴맛이 강할 때가 있는데, 주로 껍질과 끝부분에 쓴맛이 있으므로 제거하고 먹거나 오이를 썰어 소금물이나 식초물에 담가두면 한결 나아집니다.
- 씨에도 식이섬유와 일부 영양소가 포함되어 있으므로 꼭 제거할 필요는 없어요. 다만 씨가 너무 크거나 무른 경우, 무침요리를 할 경우 수분이 빠져나올 수 있으므로 상황에 따라 제거합니다.

- 95%가 수분으로 이뤄져 있어 수분 보충에 탁월하며, 비타민 C와 항산화 성분이 풍부해 피부를 촉촉하게 유지하고 염증을 줄이는 효과가 있어요.

파프리카

- 단맛이 강해 생으로 먹기 좋으며, 샐러드나 볶음, 구이 등에 두루두루 잘 어울려 양파와 함께 부재료로 자주 사용하는 재료예요.
- 색깔에 따라 다른 효능을 가지고 있어요. 빨간색은 칼슘과 인이 풍부해 뼈 건강에 좋고, 주황색의 베타카로틴은 눈 건강에 도움을 줍니다. 또 노란색에는 혈액 응고를 막는 성분이 들어있어 혈관 질환을 예방할 수 있지요.

콩

- '밭에서 나는 소고기'라 불릴 만큼 식물성 단백질이 풍부해 채소요리에 빠질 수 없는 재료예요.
- 생콩, 볶은 콩, 삶은 콩의 순서로 단백질 흡수율이 높아지므로 되도록 삶는 조리법을 추천합니다.
- 모양만큼이나 맛도 다양한 콩을 종류별로 구비해두면 샐러드, 수프, 볶음이나 찜요리 등에 더해 맛과 영양을 높일 수 있습니다.

💡 특히 추천하는 4가지 콩

병아리콩 : 고소하고 부드러운 맛이 특징으로 어느 요리에나 잘 어울려요.

렌틸콩 : 작고 편평한 모양에 약간 쌉싸래한 맛이 나며 갈색, 녹색, 주황색 등 색이 다양해요.

완두콩 : 신선하고 가벼운 맛으로 활용도가 높아요.

검은콩 : 진하고 깊은 맛을 내는데, 수퍼푸드라고 불릴 만큼 건강상의 이점이 많아요. 강력한 항산화 물질이 풍부해 만성질환을 예방하며, 심혈관계, 혈당, 장 건강 개선에도 탁월합니다. 노화 방지는 물론이고 중년 여성의 갱년기 극복에도 도움 주는 식품으로 꼽힙니다.

부재료 2 한 끗 다른 맛을 위한 향신채소와 가루

마늘

매운맛 성분인 알리신에는 항염, 항균, 항바이러스의 효과가 있어 세포 손상을 방지하고 염증을 줄여줍니다. 알리신 성분은 생으로 먹을 때보다 굽거나 볶았을 때 체내 흡수율이 높아져요.

생강

생강은 고기요리에 많이 사용한다고 생각하는데, 채소요리에도 소량씩 더하면 잘 어울려요. 생강의 독소는 열에 강해 조리해도 쉽게 분해되지 않으므로 곰팡이가 폈다면 즉시 버려야 합니다.

대파

국물요리에는 깊은 맛을, 볶음요리에는 향과 맛을 내고, 고명으로 사용해 풍미를 더하기도 합니다. 항산화 성분의 함량은 흰 부분보다 푸른 부분이 더 높다고 해요.

허브가루

향긋한 향을 내는 바질가루는 웬만한 양식요리에 더할 수 있어 유용하며, 쌉쌀한 맛의 오레가노가루는 볶음요리에 넣으면 색다른 맛을 냅니다. 상쾌하고 고소한 향이 특징인 타임가루는 해산물이나 구이요리에 잘 어울려요.

통후추

가능한 한 사용할 때 바로 갈아서 넣는 것을 추천해요. 주로 흑후추를 많이 사용하지만, 요리에 따라 백후추나 핑크색 후추를 사용해 시각적 효과를 내기도 합니다.

통들깨 · 들깻가루

무침이나 볶음 등 한식요리와 잘 어울려요. 고소한 맛도 좋지만 채소에 없는 좋은 지방산을 섭취할 수 있어 자주 사용하는 재료랍니다.

홀그레인 머스터드

샐러드 드레싱이나 샌드위치에 강렬한 맛과 고유의 질감을 줘요. 다른 추가 성분이 없는 순수한 홀그레인 머스터드인지 꼭 확인하고 구입해요.

강황가루

강황은 예부터 약재로 사용될 만큼 강력한 항염과 항산화, 해독작용을 해요. 수프나 볶음요리에 더하면 향과 예쁜 색을 낼 수 있습니다. 유기농 인증을 받은 순수한 강황 뿌리로 만든 제품을 선택하는 게 좋아요.

훈제 파프리카가루

파프리카를 훈연하여 만든 향신료로, 요리에 강렬하고 스모키한 맛과 향을 더할 수 있어요. 적은 양만으로도 강력한 맛을 내므로 소량씩 사용하세요.

크러쉬드 레드페퍼

텁텁하지 않고 깔끔한 매운맛을 낼 수 있어요. 말린 고추의 씨앗과 껍질을 부숴서 만들기 때문에 독특한 질감을 더해줍니다.

맛과 건강을 모두 생각한 기본 양념과 오일

천일염

바다에서 증발한 자연의 소금으로, 태양과 바람에 의해 자연 발효하여 만들어져요. 화학적인 처리나 첨가물이 없어서 순수한 맛을 가지고 있고, 정제 과정을 거치지 않아 요오드나 아연 등의 미네랄이 보존되어 있습니다.

핑크소금(암연)

히말라야 지역의 광산에서 채취되며, 철분 성분으로 인해 핑크색을 띠는 천연 소금이에요. 요리 마지막에 뿌리면 음식의 풍미를 더해 줍니다. 구입할 때는 핑크빛이 너무 선명하거나 인공적인 색을 띠는 것은 피해요.

게랑드소금 · 말돈소금

각각 프랑스와 영국의 해안에서 채취되는 천연 소금이에요. 회색빛을 띠는 게랑드소금은 부드럽고 섬세한 맛을 내고, 말돈소금은 바삭하고 가벼운 질감이 특징입니다. 둘 다 풍부한 미네랄을 함유해요.

간장

국산 대두와 천일염, 정제수로 만들어 천천히 숙성을 거친 우리나라 전통 '한식 간장'을 추천해요. 라벨을 확인해 산분해 간장이나 인공 감미료, 색소, 방부제 등을 첨가한 제품은 피합니다.

참치액

풍부한 감칠맛으로 볶음요리, 국물요리, 소스 등의 깊이를 더해줘요. 참치 농축액의 비율이 높고 국내산 재료를 사용한 것, 합성 첨가물이 많지 않은 것을 고릅니다.

된장 · 고추장

된장은 국내산 콩과 국산 천일염을 사용했는지, 식품 첨가물이 들어가지 않았는지 확인해요. 고추장은 고춧가루, 메줏가루, 소금, 찹쌀 등이 모두 국내산인지 확인하고 밀가루와 설탕, 첨가제가 없는 제품을 고릅니다.

짠
맛

유기농 비정제원당

유기농 방식으로 재배된 사탕수수에서 추출한 당분으로 화학적 처리나 정제 과정을 거치지 않아 자연의 상태를 유지합니다. 자연스러운 과일의 향과 단맛을 가지고 있어 요리 종류에 상관없이 두루두루 사용하기 좋아요.

올리고당

올리고당은 단맛이 설탕보다 덜하지만, 열량이 낮고 식이섬유가 풍부하다는 장점이 있어요. GMO 원료를 신경 쓴다면 성분표를 잘 확인하고 구입하는 것이 안전합니다. 설탕을 가공해 만드는 프락토올리고당은 열에 약해 샐러드나 무침류에 적합하고, 쌀이나 옥수수의 녹말가루를 가공해 만드는 이소말토올리고당은 조림, 볶음류에 사용할 수 있어요.

메이플 시럽

단풍나무의 수액을 추출해 졸여서 만든 천연 감미료로, 주로 캐나다와 미국에서 생산돼요. 당도가 높고 특유의 향이 있어 샐러드 드레싱 등에 잘 어울립니다. 설탕보다 혈당 지수가 낮아 혈당 급상승을 피할 수 있어요.

매실액

매실을 설탕에 절여 1년 이상 발효시킨 후 그 즙을 이용합니다. 매실의 향과 달콤하면서도 상큼한 맛이 있어 샐러드나 무침, 절임류 등에 잘 어울려요. 적당량을 먹으면 소화를 돕고 위장 건강을 개선하는 데 도움이 됩니다.

꿀

꿀벌이 자연에서 얻은 꽃가루와 꿀로 만드는 천연 꿀은, 열처리 등의 가공이 이루어지지 않아 꿀 속의 자연 효소와 영양소가 그대로 보존되어 있어요. 가공 꿀과는 향과 영양에 차이가 크기 때문에 되도록 천연 꿀을 선택하는 것이 좋습니다. 꿀은 설탕보다 혈당을 천천히 올리는 것으로 알려져 있어요.

단
맛

레몬즙

열을 가하지 않는 드레싱이나 무침, 절임류에 잘
어울리며, 신선한 레몬을 스퀴즈로 짜서 요리할 때 바로
넣으면 훨씬 더 상큼하고 산뜻한 신맛을 더할 수 있어요.
이 책에서 '레몬즙'이라고 표기한 것은 시판 레몬즙이
아닌 직접 짠 레몬의 즙을 말합니다.

발사믹식초

포도주를 발효시켜 만드는 식초로 주로 이탈리아의
모데나 지역에서 생산돼요. 다른 식초와 달리 단맛을
가지고 있으며 향과 풍미가 좋아서, 웬만한 과일과
채소에 올리브오일과 발사믹식초만 둘러도 훌륭한
샐러드가 됩니다.
정통 발사믹식초는 10년이 넘는 숙성 기간이 필요해
대량 생산이 어렵고 가격도 비싸 일반적으로 만나기
어렵고, 시중에 유통되는 일반적인 발사믹식초는
대부분 포도 원액과 와인식초가 배합된 제품이에요.
유럽연합에서 품질을 보증하는 I.G.P 등급을 확인하거나
포도 원액의 비율이 높은 것을 고르고, 카라멜색소나
기타 첨가물이 들어간 것은 피하는 것이 좋습니다.

발사믹글레이즈

발사믹식초를 기반으로 더 달고 진한 맛을 내기 위해
설탕이나 과일 주스 등을 첨가해 만들어요. 진한 색상과
부드러운 질감으로 요리에 광택을 더합니다. 샐러드나
디저트에 뿌리면 새콤달콤한 맛이 좋은데, 당분이 첨가된
제품이다 보니 사용량에 주의가 필요합니다.

천연발효 사과식초(애플사이다비네거)

처음 접하는 경우 뚜껑을 열면서 느껴지는 강렬한 향에
거부감이 들 수도 있어요. 브랜드마다 맛이 다르니
다양하게 접하면서 입맛에 맞는 것을 찾아보세요. 되도록
초모균이 들어가 자연 발효된 것, 유리병에 들어있고
첨가물이 없는 것을 구입하세요. 마트에서 쉽게 구할 수
있는 식초에 에탄올에 초산균과 화학 물질을 첨가해 만든
합성 식초일 수 있으니 성분표를 꼭 확인하길
바랍니다.

신
맛

들기름

오메가3 지방산이 풍부해 콜레스테롤 수치를 개선해요.
또한 염증성 질환의 증상을 완화하고, 피부 보습 효과가
뛰어나 피부를 건강하게 하는 데 도움을 줍니다.
우리가 알고 있는 일반적인 들기름은 들깨를 고온에서
볶은 후 압착하기 때문에 진한 갈색을 띠고 향이 강한
특징이 있습니다. 반면 들깨를 볶지 않고 낮은 온도에서
압착하는 기름은 '생들기름'이라고 하며, 노란빛을 띠고
일반 들기름에 비해 향이 약하지만 영양소 손실이 적어
건강에 더 이롭습니다. 들기름은 산화가 빨리 일어나기
때문에 냉장 보관해야 하고 최대한 빠르게 소비하는 게
좋습니다.

참기름

염증을 줄이는 강력한 항산화제가 포함되어 있어 노화를
방지합니다. 적정량을 섭취하면 건강상의 이점을 누릴
수 있지만, 오메가6의 함량이 높아 오메가3와의 균형이
깨지면 염증 반응이 일어날 수 있으므로 주의해야 해요.
국내산 참깨를 사용했는지 확인하고, 최근에 제조된
제품을 선택하세요. 사용할 때는 상온에서
서늘하고 건조한 장소에 보관해요.

엑스트라버진 올리브오일

올리브오일에 함유된 폴리페놀과 토코페놀 등의
항산화 성분은 활성산소에 의한 세포 손상으로부터
혈관을 보호하고 고혈압을 개선하는 효과가 있어요.
올리브오일은 엑스트라버진, 버진, 퓨어 등급으로
나뉘는데, 최고 등급인 엑스트라버진은 올리브를 수확한
후 24시간 이내에 신선한 상태에서 화학적 수단을
사용하지 않고 냉압착 방식으로 추출한 오일을 말해요.
올리브오일을 고를 때는 최근에 수확된 오일을 선택하는
것이 좋고, 저렴한 올리브오일은 품질이 낮을 가능성이
있으므로 주의합니다. 좋은 엑스트라버진 올리브오일은
신선한 과일향과 풀향, 약간의 쓴맛과 매운맛이
느껴져요. 장기적으로 채소를 맛있게
섭취하기 위해서 오일만큼은 질 좋은
엑스트라버진 올리브오일을 사용하길
권합니다.

오
일

영양적으로도 도움 되는 장식 재료

참깨 · 검정깨 · 들깨

깨에는 혈액을 깨끗하게 유지하는 성분이 있어 혈관을 보호하고 혈중 콜레스테롤 수치를 낮춰줘요. 단, 열량이 높으므로 하루에 1큰술 이상 먹지 않는 게 좋습니다. 요리의 색에 따라 마지막에 고명으로 뿌리면 색감과 풍미를 더할 수 있어요. 이때 깨갈이에 갈거나 손으로 부숴서 넣으면 더 고소합니다. 깨는 지방 성분 때문에 산화되기 쉬우니 사용한 후 냉장이나 냉동 보관하세요.

쪽파

파의 황화합물은 혈액 순환을 촉진하고, 체내의 독소를 배출해 주는 역할을 해요. 쪽파는 대파보다 작고 가늘며 좀 더 부드럽고 달콤한 맛이 나서 고명으로 사용하기 좋습니다. 한식에 잘 어울릴 것 같지만 의외로 크림 파스타 같은 양식요리에 올려도 개운하게 맛을 잡아줘 활용도가 높답니다. 이 책에서 파슬리와 함께 고명으로 가장 자주 이용한 재료예요.

허브

구체적인 효능은 종류별로 다르지만 대체로 항산화, 항염, 항균작용을 하고 소화에도 도움을 줘요. 장식용으로 허브가루를 사용하는 것보다 생허브를 사용하는 편이 보기도 예쁘고 향도 훨씬 좋습니다. 가장 많이 사용하는 것은 파슬리로, 다른 허브에 비해 향이 튀지 않아 두루두루 사용하기 좋아요. 잎이 곱슬곱슬한 컬리 파슬리와 평평한 잎을 가진 이탈리안 파슬리가 있는데, 이탈리안 파슬리가 향이 더 강합니다. 장식용으로 쓸 때는 주로 잎을 다져서 사용해요. 달콤하고 스파이시한 맛이 특징인 바질은 허브 중에서도 호불호가 크지 않은 재료예요. 피자나 파스타, 토마토 요리와 찰떡궁합을 자랑합니다. 로즈마리는 고기요리나 감자요리에 잘 어울리며 올리브오일에 담가 허브오일을 만들 수도 있습니다. 이외에도 스튜나 수프, 생선요리에 잘 어울리는 타임, 약간 신맛이 있어 절임이나 소스류에 사용하기 좋은 딜, 상쾌하고 달콤한 향으로 과일샐러드나 디저트, 음료에 어울리는 애플민트도 자주 사용하는 허브입니다.

환경호르몬에서 자유로운
조리 도구와 보관 용기

건강을 생각한다면 주방에서 사용하는 조리 도구를 신중하게 살펴볼 필요가 있어요. 플라스틱 도구는 환경호르몬 등 유해 물질과 미세 플라스틱에 노출될 위험이 있습니다.

스테인리스 스틸은 환경호르몬에서 가장 자유로운 재료 중 하나예요. **스테인리스 냄비와 팬**은 요리할 때 열을 고르게 전달해주고, 양념이나 기름을 흡수하지 않아 위생적입니다. 가장 중요한 점은 플라스틱처럼 뜨거운 온도에서 유해한 화학 물질이 나오지 않는다는 거예요. 그래서 뜨거운 국물요리나 반찬을 보관할 때는 스테인리스 용기나 유리 용기를 주로 사용합니다.

비닐 위생백이나 지퍼백 대신에 **질 좋은 실리콘으로 만든 지퍼백**을 이용하세요. 실리콘은 아기 식기나 칫솔에 사용할 만큼 안전한 소재입니다. 식기세척기에 돌리거나 삶아서 사용할 수도 있어서 위생적이고 편리해요.

국자, 주걱, 스패출러 같은 조리 도구는 **나무 또는 실리콘**이 좋아요. 저는 실리콘 주걱과 스패출러를 주로 이용하는데, 고온에서도 안전하고 팬이나 냄비를 긁지 않아서 선호합니다. 특히 갓 지은 뜨거운 밥을 풀 때 사용하는 플라스틱 밥주걱은 당장 주방에서 내보내세요! 실리콘이나 도자기, 유기 주걱을 추천합니다.

스테인리스 찜기

쿡언니네 주방에 하루도 빠짐없이 등장하는 주방의 숨은 보석입니다. 찜요리를 할 때 식재료 본연의 맛과 영양을 그대로 유지해 줍니다. 다양한 크기를 가지고 있으면 용도에 맞게 더 자주 활용할 수 있어요.

스테인리스 냄비 · 주물 냄비

스테인리스 냄비는 내구성이 뛰어나고 위생적이에요. 또 열전도율이 높아 빠르게 끓일 수 있어서 여러 요리에 활용하기 좋습니다. 주물 냄비는 열을 고르게 전달해 요리의 맛을 깊고 풍부하게 만들어요. 찜요리나 무수분요리를 할 때 주물 냄비를 사용하면 훨씬 맛이 좋답니다.

스테인리스 팬 · 코팅팬

일반적인 볶음요리나 양념이 있는 요리는 스테인리스 팬을 사용하고, 잘 눌어붙는 요리를 할 때는 코팅팬을 씁니다. 스테인리스 팬은 익숙해지기까지 시간이 걸리지만 사용 방법을 잘 익혀두면 요리 범위가 훨씬 넓어져요. 코팅팬을 고를 때는 바닥이 두꺼운 스테인리스 재질이면서 코팅 재질이 안정적인지 확인하세요.

채소 탈수기

샐러드를 즐겨 먹는다면 꼭 추천하는 도구예요. 세척한 채소를 넣고 돌리기만 하면 물기가 금세 제거되어 신선하고 아삭한 샐러드를 즐길 수 있습니다.

믹서 · 푸드프로세서

수프나 스무디 등 물기가 있는 것은 갈 때는 믹서에, 재료를 다지거나 드레싱을 섞을 때는 푸드프로세서를 사용해요. 위생과 건강을 위해 트라이탄 소재나 유리 용기를 추천합니다.

스퀴저

채소요리에 레몬즙이 자주 등장하는 만큼 필수품이라고 할 수 있어요. 플라스틱보다는 스테인리스나 유리 재질이 좋습니다.

마늘 으깨기

냉동 다진 마늘을 사용하는 것보다 그때그때 만들어 쓰는 것을 선호해요. 이때 유용한 노구입니다. 다진 마늘을 만들기 위해 푸드프로세서나 믹서를 사용하는 경우가 많은데, 칼날로 분쇄하면 입자가 너무 곱고 향이 약해져요. 마늘 으깨기는 분쇄가 아닌 빻는 방식이어서 이런 단점을 보완해줍니다. 보통 마늘 2~3개를 으깨면 다진 마늘 1큰술이 나와요.

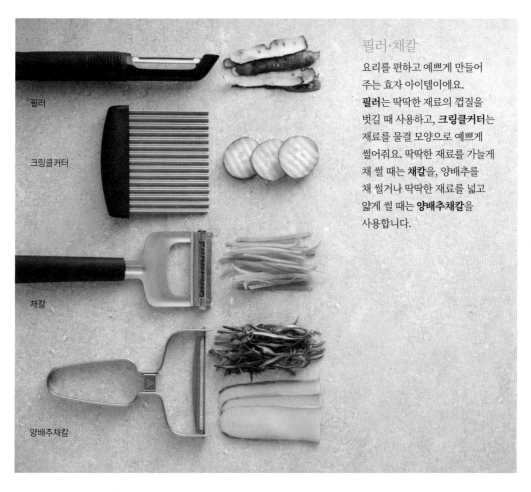

필러 · 채칼

요리를 편하고 예쁘게 만들어 주는 효자 아이템이에요. **필러**는 딱딱한 재료의 껍질을 벗길 때 사용하고, **크링클커터**는 재료를 물결 모양으로 예쁘게 썰어줘요. 딱딱한 재료를 가늘게 채 썰 때는 **채칼**을, 양배추를 채 썰거나 딱딱한 재료를 넓고 얇게 썰 때는 **양배추채칼**을 사용합니다.

필러
크링클커터
채칼
양배추채칼

보관 용기

주방에서 보관 용기는 빼놓을 수 없는 존재지요. 투명한 용기는 내용물을 쉽게 확인할 수 있어 편리하고, **스테인리스 용기**는 냄새나 색이 배지 않는 점이 좋습니다. 식재료 보관에 진심이라면 **진공 밀폐용기**를 사용해 보세요. 내부를 진공 상태로 만들어 더 오래 신선하게 보관할 수 있습니다. **실리콘 지퍼백**도 유용합니다. 실리콘 재질이라 유연하고 내구성이 뛰어나 다양한 식재료를 보관할 수 있습니다.

실리콘 지퍼백
진공 밀폐용기
스테인리스 용기

RECIPE

매일 먹는 흔한 채소로
심플하게 만드는
쿡언니네 채소 항염식

앞서 소개한 항염 채소를 주인공으로 만드는 다양한 채소요리를 담았습니다. **PART 1**에서는 양배추, 당근, 토마토, 브로콜리, 애호박, 가지, 무, 비트, 콜라비, 버섯 10가지 주재료를 집중적으로 이용하는 요리를 알아보고, **PART 2**에서는 모든 주재료와 부재료를 조합해 만드는 샐러드, 수프, 한 그릇 식사, 스무디를 배울 수 있습니다.

쿡언니네 채소 항염식의 특징

쿡언니네 채소 항염식은 만성염증을 줄이거나 예방할 수 있는 '항염 채소요리'
입니다. 항염 효과가 좋은 몇 가지 채소를 중심으로 조리법을 단순화해 영양소
손실을 막고 누구나 손쉽게 요리할 수 있습니다.

염증을 줄여주는 친숙한 채소를 주재료로 사용해요

일상에서 쉽게 볼 수 있는 양배추, 당근, 토마토, 브로콜리, 애호박, 가지, 무,
비트, 콜라비, 버섯 등 항염에 도움이 되는 10가지 재료를 주로 사용합니다.
구하기 쉽고 친숙한 재료를 사용함으로써 채소요리에 대한 허들을 낮추고,
장기적으로 항염 식단을 지속할 수 있게 합니다.

건강한 단백질과 지방을 더해요

콩류, 두부, 달걀 등을 부재료로 사용하고, 올리브오일, 들기름, 들깻가루 등을
양념으로 적극 사용합니다. 이들 재료는 염증을 줄이는 항염 식품이자 건강한
단백질과 지빙의 급원으로 채소요리의 부족한 영양을 채웁니다.

염증을 줄이는 조리법으로 요리해요

당독소가 많이 생성되는 고온에서 굽거나 튀기는 조리법을 지양하고,
찌는 조리법을 주로 이용합니다. 찌는 조리법은 염증 발생을 줄일 뿐 아니라
부드럽고 소화가 잘되어 소화에 어려움을 겪는 분들도 부담 없이 채소를
즐길 수 있습니다.

PLUS 당독소 걱정 없는 팬과 냄비 달구기
팬이나 냄비를 센 불로 뜨겁게 달군 후 차가운 재료를 넣으면
온도차로 인해 연기가 더 나거나 재료가 탈 수 있고, 당독소
발생의 위험도 생겨요. 그래서 이 책에서는 스테인리스
팬이나 냄비에 재료를 넣고 중강 불에서 서서히 팬과 재료를
달군 후 조리를 시작해요.

레시피는 이렇게 응용하세요!

1. 단백질을 추가해도 좋아요

모든 메뉴에는 콩이나 두부, 달걀 등의
단백질을 넉넉히 더해도 좋아요.
염증 감소에는 식물성 단백질을 더
추천하지만, 육류를 원한다면 지방이 적은
살코기 위주로 선택해 추가해도 돼요.

2. 기호에 따라 맛을 조절하세요

강한 맛의 양념을 최소화하고 향신 채소와
가루로 맛을 냈습니다. 대체로 간이 세지
않으니 간이 부족하다면 맛을 보면서
조금씩 더하세요. 몇몇 메뉴에는
강한 양념 버전을 함께 제시했습니다.

3. 밀프렙 마크를 확인하세요

한 번에 준비해 놓고 소분해서 먹을 수 있는
메뉴에는 밀프렙 마크를 표시했습니다.
매일 요리하는 게 번거롭거나 도시락을
챙겨야 한다면 밀프렙을 이용하세요.

밀프렙

4. 드레싱을 다양하게 응용하세요

46쪽에서 이 책에 소개되는 드레싱을
한눈에 볼 수 있습니다. 드레싱만 바꿔도
전혀 다른 요리가 되니, 원하는 드레싱과
채소요리를 매치해 다채롭게 즐겨보세요.

5. 찌는 시간도 조절할 수 있어요

채소를 찔 때 채소의 크기와 밀도, 기호
등에 따라 찌는 시간이 달라집니다.
찜기에 재료를 넣을 때는 되도록 비슷한
크기로 썰어야 골고루 익습니다.
또한 아삭한 식감이 좋은지, 부드러운
식감이 좋은지 기호에 따라 찌는 시간을
조절합니다.

미리 준비하면 좋은 채수와 재료

채소요리의 맛을 올리는 세 가지 채수 만들기

간단 채수 모든 국물요리에 간단하게 만들어 사용할 수 있어요.　　(약 2ℓ분)　(냉장 2~3일)

건다시마 1장(손바닥 크기), 건표고버섯 3~4개, 물 11컵(2.2ℓ)

1 건다시마, 건표고버섯을 최소 2시간 이상 불린다.
　• 전날 밤에 불려 놓으면 좋다.

2 불린 다시마와 표고버섯을 건져 냄비에 넣고 물을 붓는다.
　중간 불에서 끓어오르면 다시마를 건져내고 10분간 끓인다.
　• 표고버섯은 건져내거나 요리에 활용해도 된다.

3 불을 끄고 식힌 후 용기에 담는다.

수프용 채수 수프, 파스타, 리소토 등 양식 요리에 잘 어울려요.　　(약 2ℓ분)　(냉장 4~5일)　(냉동 1~2개월)

양파 1개, 당근 1개, 셀러리 2대, 마늘 4쪽, 대파 1대, 월계수잎 2장, 통후추 10알, 물 13~15컵(2.6~3ℓ)

1 모든 재료는 깨끗이 씻어 냄비에 들어갈 크기로 대강 썬다.
　• 양파나 당근의 껍질 상태가 좋다면 벗기지 않고 사용해도 된다.

2 냄비에 모든 재료를 넣고 중강 불에서 끓어오르면 약한 불로 줄여 1시간 정도 끓인다.

3 불을 끄고 식힌 후 채수만 체에 걸러 용기에 담는다.

한식 채수 국, 찌개, 전골 등 한식 요리에 잘 어울려요.　　(약 2ℓ분)　(냉장 4~5일)　(냉동 1~2개월)

건다시마 2장(손바닥 크기), 무 1/3개, 양파 1개, 대파 2대, 당근 1개, 건표고버섯 4개,
물 13~15컵(2.6~3ℓ)

1 모든 재료는 깨끗이 씻어 냄비에 들어갈 크기로 대강 썬다.
　• 양파나 당근의 껍질 상태가 좋다면 벗기지 않고 사용해도 된다.

2 냄비에 물과 다시마를 넣고 30분간 불린다. 약한 불로 끓여 끓어오르면 다시마를 건져낸다.

3 나머지 재료를 모두 넣고 중강 불에서 끓어오르면 약한 불로 줄여 뚜껑을 반만 덮은 채
　1시간 정도 끓인다.

4 불을 끄고 식힌 후 채수만 걸러 용기에 담는다.

자주 사용하는 재료 넉넉히 익혀 보관하기

달걀 찌기

1 찜기에 달걀을 넣고 물이 담긴 냄비에 올려 중강 불에서 11분간 반숙으로 찐다.
  • 달걀을 찌면 삶는 것보다 열이 서서히 전달되어 달걀이 더 부드럽고 촉촉하다. 기호에 따라 익히는 시간을 조절한다.
2 찬물에 담가 식힌 후 껍데기를 벗긴다.

병아리콩 삶기 냉장 5~7일 냉동 1-2개월

1 볼에 병아리콩, 2배 이상의 물을 부어 5시간 이상 불린다.
  • 밤새 불려두면 좋다. 병아리콩은 불리고 삶는 과정에서 2~3배 정도 부피가 늘어난다.
2 냄비에 병아리콩, 잠길 만큼의 물을 넣고 센 불에서 끓어오르면 중간 불로 줄여 30~40분간 삶은 후 체에 밭쳐 물기를 뺀다.
3 밀폐용기나 지퍼백에 넣어 냉장 또는 1회 분량씩 소분해 냉동 보관한다.

렌틸콩 삶기 냉장 5~7일 냉동 1-2개월

1 냄비에 렌틸콩과 물을 1:3 비율로 넣고 센 불에서 끓어오르면 중간 불로 줄여 20~25분간 삶는다.
  • 월계수잎 1장을 넣어서 삶으면 풍미가 더 좋다.
2 체에 밭쳐 물기를 뺀다.
3 밀폐용기나 지퍼백에 넣어 냉장 또는 1회 분량씩 소분해 냉동 보관한다.

퀴노아 삶기 냉장 5~7일 냉동 1-2개월

1 퀴노아 껍질의 쓴맛 성분이 줄어들도록 흐르는 물에 여러번 헹군다. 냄비에 퀴노아와 물을 1:2 비율로 넣고 센 불에서 끓어오르면 중간 불로 줄여 10분간 삶은 후 불을 끈다.
2 뚜껑을 덮어 4분간 뜸을 들인 후 체에 밭쳐 물기를 빼고 완전히 식힌다.
  • 퀴노아는 뜨거운 상태에서 수분이 생기고 식중독의 위험이 있으므로 완전히 식힌 후 보관한다.
3 밀폐용기나 지퍼백에 넣어 냉장 또는 1회 분량씩 소분해 냉동 보관한다.

채소 항염식 드레싱과 소스 한눈에 보기

드레싱과 소스는 채소요리와 친해지는 데 좋은 수단이 될 수 있어요. 하지만 건강을 위해 먹는 채소에 설탕 범벅의 드레싱을 곁들일 순 없겠죠? 샐러드 맛은 올려주고 염증은 줄여주는 드레싱을 모아봤습니다. 드레싱만 바꿔도 또 다른 맛을 느낄 수 있으니 어울리는 조합을 찾아보세요.

디핑소스

일반 드레싱보다 뻑뻑한 질감으로 채소에 찍어먹거나 빵에 발라먹기 적합해요.

병아리콩 비트 후무스 (105쪽) · 가지 디핑소스 (125쪽) · 비트딥 (173쪽)

두부소스

두부를 갈아서 만드는 소스로, 담백하고 든든해요. 디핑소스처럼 채소를 찍어먹거나 드레싱으로 활용해요.

두부 참깨소스 (109쪽) · 시금치 두부크림 (174쪽) · 두부마요네즈 (211쪽)

요거트드레싱

그릭요거트를 베이스로 사용해 상큼한 맛이 특징이에요. 질감이 묵직해서 잎채소보다는 무게감이 있는 재료와 더 어울려요.

그릭요거트 참깨소스 (61쪽) · 그릭요거트드레싱 (103쪽) · 요거트 들깨드레싱 (149쪽)

오일드레싱

올리브오일과 식초
또는 레몬즙을
베이스로 하는 새콤한
맛의 드레싱이에요.
어느 샐러드에나
무난하게 어울려요.

당근퓌레드레싱
(73쪽)

허니 레몬오일
(75쪽)

스모키 머스터드드레싱
(83쪽)

바질 레몬오일소스
(90쪽)

레몬 오일드레싱
(159쪽)

발사믹 오일드레싱
(161쪽)

머스터드드레싱
(163쪽)

들기름드레싱

들기름과 통들깨,
들깻가루 등을 사용해
고소함이 폭발해요.
몸에 좋은 오메가-3
지방산을 섭취할 수
있습니다.

들기름드레싱
(101쪽)

들깨드레싱
(141쪽)

장(간장, 된장)드레싱

간장이나 된장이
들어가 친숙한 맛의
드레싱이에요. 채소찜
소스나 채소비빔밥
양념장으로 활용하면
잘 어울려요.

유자 간장드레싱
(91쪽)

된장드레싱
(171쪽)

아몬드 간장비빔장
(213쪽)

땅콩버터 간장소스
(217쪽)

PART 1

항염 채소 10가지
집중 탐구 레시피

일상에서 흔히 사용하는 재료만으로도 쉽지만 맛있고 영양가 있는 집밥을 만들 수 있습니다. 그 주인공은 바로 **양배추, 당근, 토마토, 브로콜리, 애호박, 가지, 무, 비트, 콜라비, 버섯.** 이번 파트에서는 위에 나열한 각각의 재료를 집중적으로 사용하는 메뉴를 소개합니다. 친숙한 재료로 만드는 다채로운 요리와 예상치 못한 맛을 즐겨보세요. 흔하고 단순한 재료들이 결국 우리가 매일 먹는 건강한 식단의 주인공입니다.

CABBAGE

고르기 색이 진할수록 오래된 양배추이므로 연한 녹색을 띠면서 단단하고 무거운 것, 아래쪽 심지가 밝은 색인 것을 고르세요.

보관하기 통 양배추는 떼어낸 겉잎으로 싸서 키친타월로 감싸 지퍼백에 넣어 보관하면 2주까지 신선하게 먹을 수 있어요.
찌거나 삶은 양배추는 밀폐용기에 담아 냉장 보관하고, 되도록 2~3일 이내에 먹는 것이 좋습니다.

활용도 만점 다재다능 채소

양배추

처음에는 양배추 특유의 향도, 익힌 양배추의 뭉글한 식감
도 싫어했어요. 그러다 양배추의 건강상 이점을 알게 되고
관심을 갖기 시작했지요. 한창 양배추에 빠져 요리에
몰두할 때, 양배추가 들어있는 모든 레시피를 찾아보면
서 더 맛있고 건강하게 먹을 수 있는 방법을 연구했어요.
그 과정에서 느낀점은, 양배추는 무한한 가능성을 지닌
요술 상자 같다는 거예요. 어떤 요리로 변신할지 매번 기대
하게 만들거든요.
언젠가 양배추 요리책을 내보면 좋겠다는 생각을 했는데,
결국 이렇게 여러 식재료 중 가장 먼저 소개하는 영광의
주인공이 되었네요. 예전엔 싫어했던 양배추 향이 이제
는 신선하게 다가오고, 조리법에 따라 달라지는 양배추의
식감에 흥미를 느끼게 된 걸 보면 양배추가 요술을 부린
게 맞는 것 같습니다.

→

양배추
레몬절임

독일의 사우어크라우트에서
착안한 요리예요.
장 건강에 좋은 유산균이
풍부하답니다.

**TIP 양배추 레몬절임,
양배추 양파라페 활용하기**

고기 요리 곁들임 등
반찬으로 먹거나 다른
재료와 함께 샐러드로,
빵에 올리거나 샌드위치
속재료로 활용한다.

→

양배추
양파라페

프랑스어로 '갈아낸'
또는 '채 썬'을 뜻하는
라페(râpé). 아삭하고
개운한 양배추 라페를
즐겨보세요.

양배추 레몬절임

- 양배추 1/3통
- 양파 1개
- 소금 약간

  절임
- 레몬즙 2~3큰술
- 크러쉬드 레드페퍼 1큰술
- 비정제원당 1작은술
  (생략 가능)

1 양배추, 양파는 0.3~0.5cm 두께로 채 썬다. 볼에 양배추, 소금(1/2큰술)을 넣고 섞은 후 무거운 그릇으로 눌러 10분간 둔 다음 조물조물 섞고 다시 그릇으로 눌러 10분간 둔다.
   • 무거운 그릇으로 누르면 더 빨리 절여진다.

2 ①의 볼에 양파, 소금(1꼬집)을 넣고 섞은 후 절임 재료를 넣어 섞는다.

3 밀폐용기에 국물까지 넣어 꾹꾹 눌러 담은 후 넓은 양배추 잎으로 덮는다. 누름돌이나 종지로 눌러 뚜껑을 덮고 실온에 반나절(여름엔 2시간) 둔 후 먹는다. 남은 것은 냉장 보관한다.
   • 용기에 너무 가득 채우면 발효되면서 넘칠 수 있다.

양배추 양파라페

- 양배추 1/2통(또는 적양배추)
- 양파 1개
- 소금 약간

  양념
- 홀그레인 머스터드 2큰술
- 천연발효 사과식초 1큰술
- 올리고당 1큰술
- 크러쉬드 레드페퍼 1작은술
- 검은깨 1작은술

1 양배추는 양배추 채칼로 가늘게 채 썰고, 양파도 가늘게 채 썬다. 볼에 양배추, 소금(2작은술)을 넣고 조물조물 버무린다.
   • 얇게 채 썰면 식감이 더 부드럽고 양념이 잘 밴다. 칼로 얇게 썰어도 된다.

2 ①의 볼에 양파, 소금(1꼬집)을 넣고 두세 번 섞는다.
   • 양파의 매운맛이 강하다면 찬물에 잠시 담갔다가 사용한다.

3 양념 재료를 넣어 섞은 후 밀폐용기에 담아 냉장 보관한다.

매콤 양배추무침

유튜브에서 100만 조회수를 순식간에 넘겼던,
본격적으로 양배추의 매력에 빠지는 계기가 된 요리입니다.
기대하지 않고 만들었는데 맛있어서 한달 내내 만들어
먹었다는 댓글이 끊이질 않았어요. 빵에 넣어 먹으면
튀기지 않은 고로케를 먹는 느낌이에요.

- 양배추 1/2통
- 양파 1/2개
- 마늘 3쪽
- 올리브오일 1과 1/2큰술
- 참치액 1/2큰술(생략 가능)
- 소금 약간
- 통후추 간 것 약간
- 크러쉬드 레드페퍼 약간(생략 가능)
- 통깨 약간

1 양배추, 양파는 0.2~0.3cm 두께로 채 썰고,
   마늘은 굵게 다진다.

2 양배추는 따뜻한 물에 담가 10분간 둔 후
   체에 밭쳐 주걱으로 지긋이 눌러 물기를 뺀다.
   - 물기를 완전히 짜는 것이 아니라 빼는 느낌으로
     적당히 누른다. 양배추를 따뜻한 물에 담그면
     아삭함은 유지하면서 특유의 향은 빠지고
     단맛이 올라간다.

3 중강 불로 달군 팬에 올리브오일을 두르고
   바로 중약 불로 줄여 양파, 마늘을 넣고 4~5분간
   타지 않게 볶는다.

4 팬에 양배추를 넣고 마늘과 양파 향으로
   코팅하듯이 섞는다. 참치액, 소금을 넣고
   중간 불에서 1분간 볶은 후 불을 끈다.

5 통후추 간 것, 크러쉬드 레드페퍼를 넣고
   통깨를 손으로 으깨서 넣은 후 잘 섞는다.

TIP 크러쉬드 레드페퍼 대체하기
크러쉬드 레드페퍼 대신 아주 약간의 고춧가루를
넣을 수 있지만, 고춧가루는 재료에 쉽게 물들고
톡 쏘는 뒷맛이 없어요.

들기름 양배추샐러드

남은 양배추 두세 장과 간단한 양념으로 빠르게 만들 수 있어요. 생 양배추의 아삭한 식감과 크러쉬드 레드페퍼의
풍부한 향, 들기름의 고소함이 독특하고 맛있는 조화를 이룹니다.

1~2인분 5~10분

양배추 2~3장
드레싱 다진 마늘 1/2큰술, 들기름 1큰술, 통들깨 1작은술, 통후추 간 것 약간, 크러쉬드 레드페퍼 약간, 소금 약간

1 양배추는 먹기 좋은 크기로 뜯어 그릇에 담는다.

2 드레싱 재료를 넣고 섞는다.

미니양배추 발사믹소스구이

**미니양배추는 단단한 식감에 단맛이 강해 소금과 오일을 뿌려 굽기만 해도 맛있어요. 여기에 발사믹글레이즈를 더하면
풍미를 한층 더 끌어 올릴 수 있답니다.**

(2~3인분) (15~20분)

미니양배추 10~15개, 올리브오일 2큰술, 소금 1/3작은술, 발사믹글레이즈 2큰술, 통후추 간 것 약간

1 미니양배추는 2등분한 후 올리브오일, 소금을 넣고 섞는다.

2 달구지 않은 팬에 미니 양배추를 펼쳐 넣고 중강 불에서 한 면을 노릇하게 익힌 후 중간 불로 줄여 5분간 뒤집어가며
   양배추가 부드러워질 때까지 익힌다.

3 약한 불로 줄인 후 발사믹글레이즈를 넣고 빠르게 섞은 다음 불을 끈다. 통후추 간 것을 뿌린다.

땅콩버터소스와 양배추구이

양배추에 약간의 물을 넣어 먼저 익힌 후 겉면을 구워서 촉촉하게 즐길 수 있어요. 땅콩버터로 만든 소스를 끼얹어 먹으면
양배추가 순식간에 사라지는 마법을 경험하게 된답니다.

- 양배추 2조각
- 맛술 2큰술(또는 화이트와인)
- 물 1/2컵
- 올리브오일 약간

땅콩버터소스
- 무첨가 땅콩버터 2큰술
- 천연발효 사과식초 2큰술
- 간장 1큰술
- 참치액 1큰술
- 꿀 1큰술
- 크러쉬드 레드페퍼 1작은술
- 생수 1큰술(농도에 따라 가감)
- 통후추 간 것 약간

1 양배추 1통을 심지가 위를 향하도록 놓고, 심지를 피해 2~2.5cm 두께로 썰어 2조각을 준비한다.

2 팬에 양배추를 넣고 양배추 위에는 맛술을, 팬의 가장자리에는 물을 두른다.

3 중강 불에서 팬이 달궈지면 중약 불로 줄여 뚜껑을 덮고 1분간 익힌 후 양배추를 뒤집고 다시 뚜껑을 덮어 1분간 더 익힌다.
  • 양배추의 두께에 따라 익히는 시간을 조절한다.

4 다시 양배추를 뒤집은 후 올리브오일을 두르고 중간 불에서 한 면에 5분씩 색이 날 때까지 굽는다.
  • 타기 쉬우니 주의한다.

5 그릇에 담고 땅콩버터소스를 섞어 곁들인다.

TIP 땅콩버터 고르기
당이나 다른 첨가물이 들어가지 않은 100% 땅콩으로 만든 것을 고른다. 온라인이나 대형마트에서 구입할 수 있다.

TIP 오븐으로 굽기
180~190℃로 예열한 오븐에 생 양배추를 넣고 15~20분간 굽는다. 이때 중간에 한번 뒤집는다. 바삭한 식감을 원하면 뒤집은 후 200℃로 올려 가장자리가 갈색이 될 때까지 굽는다.

병아리콩 양배추 스테이크

양배추를 멋진 일품 요리로 즐겨보세요. 찜기에 부드럽게 찐 양배추에 병아리콩과 요거트 소스를 툭툭 올리면
맛과 멋, 영양까지 다 갖춘 근사한 요리가 됩니다.

- 양배추 1/2통
- 삶은 병아리콩 1컵(45쪽)
- 통후추 간 것 약간

병아리콩 양념
- 올리브오일 1큰술
- 소금 약간
- 통후추 간 것 약간
- 훈제 파프리카가루 약간

양배추 양념
- 마늘 2쪽
- 올리브오일 4큰술
- 소금 1/2작은술
- 훈제 파프리카가루 1작은술
  (생략 가능)
- 통후추 간 것 약간

그릭요거트 참깨소스
- 그릭요거트 6큰술
- 통깨 1큰술
- 간장 1큰술
- 천연발효 사과식초 1/2큰술
- 비정제원당 1작은술
- 참기름 1작은술
- 생수 1~2큰술(농도에 따라 가감)

1 삶은 병아리콩은 뜨거울 때 병아리콩 양념을 넣고 섞는다.

2 양배추는 심지를 살려 3~4cm 두께의 웨지모양으로 4등분한다.

3 마늘은 굵게 다진 후 양배추 양념과 섞어 양배추의 양면에 바른다.

4 찜기에 양배추를 넣고 냄비의 물이 끓어오르면 찜기를 올려 중간 불에서 7~8분간 찐다.

5 그릇에 양배추, 병아리콩을 담고 그릭요거트 참깨소스를 섞어 올린다.

TIP 팬이나 오븐에 굽기
달군 팬에 양념을 바른 양배추를 올려 중간 불에서 한쪽 면을 익힌 후 13~15분간 뒤집어가며 익힌다. 또는 190~200℃로 예열한 오븐에 넣고 15~20분간 굽는다.

2

4

글루텐프리 양배추 팬케이크

밀가루가 들어가지 않아 속이 편한 팬케이크예요. 두툼하게 만들어 보기에도 먹음직스럽고
한 조각만 먹어도 든든하답니다. 냉장고에 색이 변한 양배추가 있다면 이 요리를 추천해요.

- 양배추 1/4통
- 양파 1개
- 올리브오일 약간
- 소금 약간
- 옥수수 알맹이 1컵(생략 가능)
- 슬라이스치즈 2장
- 슈레드치즈 1/2컵

반죽
- 달걀 2개
- 전분가루 3큰술
- 소금 약간
- 통후추 간 것 약간

1 양배추, 양파는 0.3~0.5cm 두께로 채 썬다.

2 팬에 올리브오일(1큰술), 양파, 소금(1꼬집)을 넣고
중강 불에서 팬이 달궈지면 중약 불로 줄여 15분간
볶는다. 양배추, 소금(1꼬집)을 넣고 중강 불에서
숨이 죽을 정도로 4분간 볶은 후 불을 끈다.

3 볼에 담아 한 김 식힌 후 반죽 재료를 넣고 섞는다.

4 팬에 올리브오일(1큰술)을 두르고 반죽의 1/2분량을
넣어 펼친 후 슬라이스치즈, 옥수수 알맹이,
슈레드치즈를 올린다.

• 24cm 이하의 팬을 사용해야 두툼하게 만들 수 있다.
통조림 옥수수를 사용할 경우 팬에 살짝 볶아 수분을
날린 후 사용한다.

5 남은 반죽을 넣어 재료를 덮은 후 뚜껑을 덮는다.
윗면이 어느 정도 익을 때까지 약한 불에서 15분간
익힌다.

6 사진처럼 팬에 접시를 대고 뒤집은 후 접시에 닿은
팬케이크의 아랫면이 팬에 닿게 올린다.

• 기름이 부족하면 가장자리에 조금씩 두른다.

7 뚜껑을 덮고 약한 불에서 5분간 익힌 후 뚜껑을 열고
3분간 더 익힌다.

• 약한 불에서 서서히 익혀야 타지 않고 모양도 예쁘다.

양배추 퀘사디야

채소를 안 먹는 아이들 간식으로도 좋은 요리예요. 한 입 베어 물면 양배추의 아삭한 식감과 치즈의 쫀득함이 입안을 가득 채운답니다. 기호에 따라 꿀이나 케첩, 핫소스 등을 곁들여도 맛있어요.

- 양배추 1/5통
- 달걀 2개
- 참치액 1작은술
- 다진 파슬리 약간(또는 파슬리가루)
- 또띠아 20cm 1장
- 슈레드치즈 3줌(또는 슬라이스치즈)
- 올리브오일 1큰술

1 양배추는 0.2~0.3cm 두께로 채 썬다.

2 볼에 양배추, 달걀, 참치액, 다진 파슬리를 넣고
   섞는다.

3 중강 불에서 달군 팬에 올리브오일을 두르고
   약한 불로 줄인다. 반죽을 모두 붓고 윗면이
   꼬들꼬들하게 익을 때까지 1분간 익힌다.

4 슈레드치즈 1줌을 올리고 또띠아로 덮는다.
   접시를 대고 뒤집은 후 또띠아가 아래로 가게
   다시 팬에 넣는다.
   • 치즈를 올리기 전에 토마토소스를 발라도 맛있다.

5 슈레드치즈 2줌을 넣고 반으로 접어 약한 불에서
   1~2분간 치즈가 녹을 때까지 노릇하게 익힌다.
   • 반으로 접기 어려우면 1/3 정도 보이게 접고
     주걱으로 살짝 눌러 모양을 잡는다.

퍼플샥슈카

토마토를 사용하는 정통 샥슈카 대신 적양배추로 보라색 샥슈카를 만들었어요. 반숙 달걀과 같이 떠먹어도 좋고,
빵 위에 올려 먹어도 맛있답니다. 적양배추 대신 브로콜리, 시금치 등을 넣어 그린샥슈카도 만들 수 있어요.

(1~2인분) (30~35분)

- 적양배추 1/3통
- 양파 1/2개
- 마늘 1쪽
- 달걀 3~4개
- 올리브오일 2큰술
- 크러쉬드 레드페퍼 1/2작은술
- 소금 약간
- 통후추 간 것 약간
- 다진 파슬리 약간

1 적양배추, 양파는 0.2~0.3cm 두께로 채 썰고, 마늘은 굵게 다진다.

2 달군 팬에 올리브오일, 양파, 소금을 넣고 중간 불에서 5분간
   양파가 투명해질 때까지 볶은 후 마늘을 넣고 1~2분간 더 볶는다.
   • 지름 24cm 이하의 팬을 사용하는 것이 좋다.

3 적양배추, 소금을 넣고 중간 불에서 3분간 볶은 후 적양배추가 부드럽게 익으면
   사이에 작은 공간을 만들어 달걀을 깨 넣는다.

4 뚜껑을 덮고 약한 불에서 5~7분간 달걀을 반숙 정도로 뭉근히 익힌다.

5 불을 끄고 크러쉬드 레드페퍼, 통후추 간 것, 다진 파슬리를 뿌린다.
   그대로 떠먹거나 빵에 올려 먹는다.

1

3

된장소스 양배추 버섯덮밥

두 가지 양배추로 덮밥을 만들었어요. 일반 양배추는 깔끔하고 달콤한 맛을 가지고 있고, 적양배추는 예쁜 색감과
매콤한 맛이 특징입니다. 두 가지를 함께 사용하면 맛과 영양, 비주얼까지 다 잡을 수 있답니다.

1~2인분 25~30분

- 양배추 2장
- 적양배추 2장(또는 양배추)
- 표고버섯 2개
- 새송이버섯 1개
- 밥 1공기
- 소금 약간
- 미소된장 1작은술(또는 일반 된장 1/2작은술)
- 올리브오일 약간
- 들기름 약간
- 통후추 간 것 약간
- 통들깨 1큰술
- 다진 파슬리 약간(또는 쪽파)

1 양배추와 적양배추는 1cm 두께로 썰고,
   표고버섯은 기둥을, 새송이버섯은 밑동을
   제거하고 0.3cm 두께로 썬다.

2 달군 팬에 올리브오일(1큰술)을 두르고 양배추,
   적양배추, 소금(1꼬집)을 넣고 중강 불에서
   3~4분간 숨이 죽을 정도로 볶은 후 덜어둔다.

3 달군 팬에 들기름(1큰술), 올리브오일(1큰술)을
   두른 후 표고버섯, 새송이버섯, 소금(1꼬집)을 넣고
   중간 불에서 수분을 날리며 5분간 볶는다.

4 덜어둔 양배추, 미소된장을 넣고 중간 불에서
   30초~1분간 볶은 후 불을 끄고 들기름(약간),
   통후추 간 것을 넣는다.

5 그릇에 밥을 담고 ④를 올린 후 통들깨,
   다진 파슬리를 뿌린다.

CARROT

고르기 색이 선명하고 단단하며 모양이 예쁜 것, 꼭지 부분이 작고 뿌리 쪽이 너무 굵지 않은 것을 고릅니다. 조리 시간이 긴 경우는 굵은 당근을 사용하는 게 좋아요.

보관하기 흙을 털지 않고 그대로 신문지나 키친타월에 감싸 지퍼백이나 밀폐용기에 담아 냉장 보관해요.

자연이 주는 눈 건강 비타민
당근

어릴 적 동화책이나 만화에서 토끼가 당근을 들고 있는 모습을 본 기억이 있을 거예요. 어린 시절부터 귀여운 캐릭터를 통해 당근을 접했으니 친숙하게 느낄 법도 한데, 왜인지 식재료로써 인기는 영 별로인 듯합니다.

생각해보면 저도 카레나 갈비찜을 먹을 때 당근을 골라내기 일쑤였어요. 당근은 항상 음식의 조연이었고, 골라내기 바빴으니 당연히 매력을 알지 못했지요. 당근을 주인공으로 요리를 만들어보고 나서야 그 진가를 알게 되었답니다. 요즘은 마트에서 예쁘고 튼실한 당근을 보면 반가운 마음이 들어요. 제주 구좌의 제철 당근을 맛보기 위해 겨울을 기다릴 정도이니 이제는 정말 당근을 즐기고 있다는 생각이 듭니다.

혹시 지금도 카레에서 당근을 골라내는 분이 있다면, 제가 소개하는 레시피를 꼭 따라해보길 바랍니다. 이 파트가 끝날 때 즈음이면 당근의 매력을 알게 되었다고 말할 수 있을 거예요.

당근퓌레

퓌레는 재료를 부드럽게 익힌 후
믹서에 갈거나 으깨서 걸쭉하게
만든 것을 말해요. 당근을 퓌레로
만들면 당근의 향과 달콤함이
더욱 진해진답니다.

당근퓌레

1/2컵~1컵분   25~30분   냉장 4~5일

- 당근 2개
- 소금 약간
- 통후추 간 것 약간
- 올리브오일 약간

1 당근은 깨끗이 씻어 흙이 많이 남아있는 부분만 살짝 벗겨낸 후 적당한 크기로 썬다.
- 당근 껍질에 영양이 많으므로 껍질을 최소한으로 제거한다.

2 냄비에 당근, 자작하게 잠길 만큼의 물을 붓고 중간 불에서 끓기 시작하면
약한 불로 줄여 10~15분간 부드럽게 익힌 후 당근을 건져 한 김 식힌다.
- 당근을 포크로 찔렀을 때 부드럽게 들어갈 때까지 익힌다. 너무 오래 삶으면
퓌레의 질감이 묽어진다.

3 믹서에 당근, 소금, 통후추 간 것, 올리브오일을 넣고 곱게 간다.
- 수분이 없어 갈리지 않으면 당근 삶은 물을 약간 추가한다.

당근퓌레드레싱

당근퓌레 활용하기

- 빵에 발라 먹는다.
- 냄비에 양파를 볶은 후 퓌레와 채수를 넣고 끓여 수프로 즐긴다.
- 당근퓌레 2큰술, 레몬즙 1~2큰술, 꿀 1작은술, 올리브오일 3큰술, 다진 마늘 1/2큰술(생략 가능), 소금 약간, 통후추 간 것 약간, 생수 2큰술(농도 조절용)을 섞어 드레싱을 만든다.

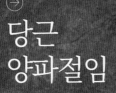

당근
레몬오일절임

새콤한 맛이 입맛을 돋우는 메뉴예요.
적양배추와 양파로 색과 풍미를 더했어요.

당근
양파절임

들기름과 간장, 들깻가루로 양념해
한식 느낌을 냈습니다.
반찬으로 먹기 좋아요.

당근 레몬오일절임

2~3인분 20~25분(+숙성) 냉장 4~5일

- 당근 1개
- 적양배추 1/3통
- 양파 1/2개
- 소금 2꼬집
- 통후추 간 것 약간
- 건포도 1/4컵
  (또는 건크랜베리)

허니 레몬오일
- 레몬즙 3큰술
- 올리브오일 5큰술
- 홀그레인 머스터드 1큰술
- 꿀 1큰술

1 당근, 적양배추, 양파는 최대한 가늘게
채 썬다.
- 채칼을 이용하면 편리하다.

2 볼에 모든 재료와 허니 레몬오일을 넣고
섞는다.

3 밀폐용기에 담아 실온에 1시간 이상 둔 후
먹는다. 남은 것은 냉장 보관한다.
- 1~2일 정도 지나면 더 맛있다. 먹기 전에
오일이 녹도록 실온에 잠시 꺼내 둔다.

TIP 레몬오일 당근절임 활용하기
고기 요리 곁들임 등 반찬으로 먹거나
다른 재료와 함께 샐러드로, 빵에 올리거나
샌드위치 속재료로 활용한다.

1

2

당근 양파절임

2~3인분 35~40분 냉장 4~5일

- 당근 2개
- 소금 1/3작은술

양파절임
- 양파 1/2개
- 레몬즙 2~3큰술
- 천연발효 사과식초 1큰술
- 소금 약간

양념
- 양파절임 1큰술
- 들기름 2큰술
- 들깻가루 2작은술
- 간장 1작은술
- 통후추 간 것 약간

1 양파를 잘게 다진 후 양파절임 재료를 넣고
섞는다.

2 당근은 필러나 양배추 채칼을 이용해
얇게 슬라이스한다.

3 볼에 당근, 소금을 넣고 섞어 20분간 둔 후
생긴 물은 따라버린다.

4 양념 재료를 섞은 후 ③의 볼에 넣고
버무린다.

TIP 남은 양파절임 활용하기
82쪽 스모키 머스터드 당근 또는
샐러드나 각종 양념, 드레싱에 더한다.

1,2

3

당근 슬라이스와 양배추채 들기름 볶음

재료를 색다르게 즐기는 방법 중 하나는 써는 방법에 변화를 주는 거예요. 여기에서는 당근을 얇고 넙적하게 썰어
식감을 달리 했습니다. 들기름과 통깨로 양념해 낯설지 않게 먹을 수 있어요.

- 당근 1개
- 양배추 1/4통
- 양파 1/2개
- 소금 약간
- 올리브오일 2큰술

양념
- 들기름 2큰술
- 통깨 2큰술
- 참치액 1작은술
- 통후추 간 것 1/2작은술

1,2

6

1 당근은 필러나 양배추 채칼로 얇게 슬라이스한 후
소금(1꼬집)을 뿌려 섞는다.

2 양배추, 양파는 0.2~0.3cm 두께로 채 썬다.

3 팬에 양배추 1/2분량 → 소금(1꼬집) →
나머지 양배추 → 소금(1꼬집) 순으로 넣는다.
- 양배추의 양이 많기 때문에 분량을 나눠 소금을
넣는다.

4 중강 불에서 팬이 달궈지면 중약 불로 줄여
뚜껑을 덮고 5분간 익힌 후 불을 끄고 남은 열에
양배추를 뒤적인다. 볼에 덜어둔 후 남아있는 물기를
살짝 눌러서 뺀다.

5 팬에 올리브오일, 양파, 소금(1꼬집)을 넣고
중간 불에서 부드러워질 때까지 7~8분간 볶는다.
당근을 넣고 3~4분간 볶은 후 불을 끈다.

6 ⑤의 팬에 덜어둔 양배추를 넣고 섞은 후
양념 재료를 넣어 섞는다.
- 통깨는 손으로 으깨서 넣으면 향이 더 진하다.
그릇에 담고 통깨를 추가로 올려도 좋다.

머스터드 당근샐러드

저수분으로 익힌 당근을 머스터드 양념으로 버무린 후 샐러드채소와 함께 즐기는 요리예요.
촉촉한 당근을 한입 배어물면 감칠맛부터 달큰함까지 당근의 매력을 물씬 느낄 수 있답니다.

(2~3인분) (20~25분)

- 당근 2개
- 샐러드채소 2줌
  (양배추, 양상추 등)
- 소금 2꼬집
- 올리브오일 2큰술
- 다진 파슬리 약간(생략 가능)

양념
- 홀그레인 머스터드 2작은술
- 꿀 1작은술(또는 비정제 원당,
  올리고당 등)
- 통후추 간 것 약간

1 당근은 길게 2등분한 후 사진과 같이 어슷하게 썬다.

2 냄비에 당근, 소금, 올리브오일을 넣고 중강 불에서 달궈지면 중간 불로 줄이고
   뒤적인다.

3 뚜껑을 덮고 약한 불에서 5분간 익힌 후 다시 한두 번 뒤적인다.
   이때 간이 모자르면 소금을 추가한다.

4 뚜껑을 덮고 약한 불에서 8~10분간 당근이 부드러워질 때까지 익힌 후
   불을 끄고 양념 재료를 넣어 섞는다.

5 그릇에 샐러드채소를 담고 당근을 올린다. 다진 파슬리를 뿌린다.

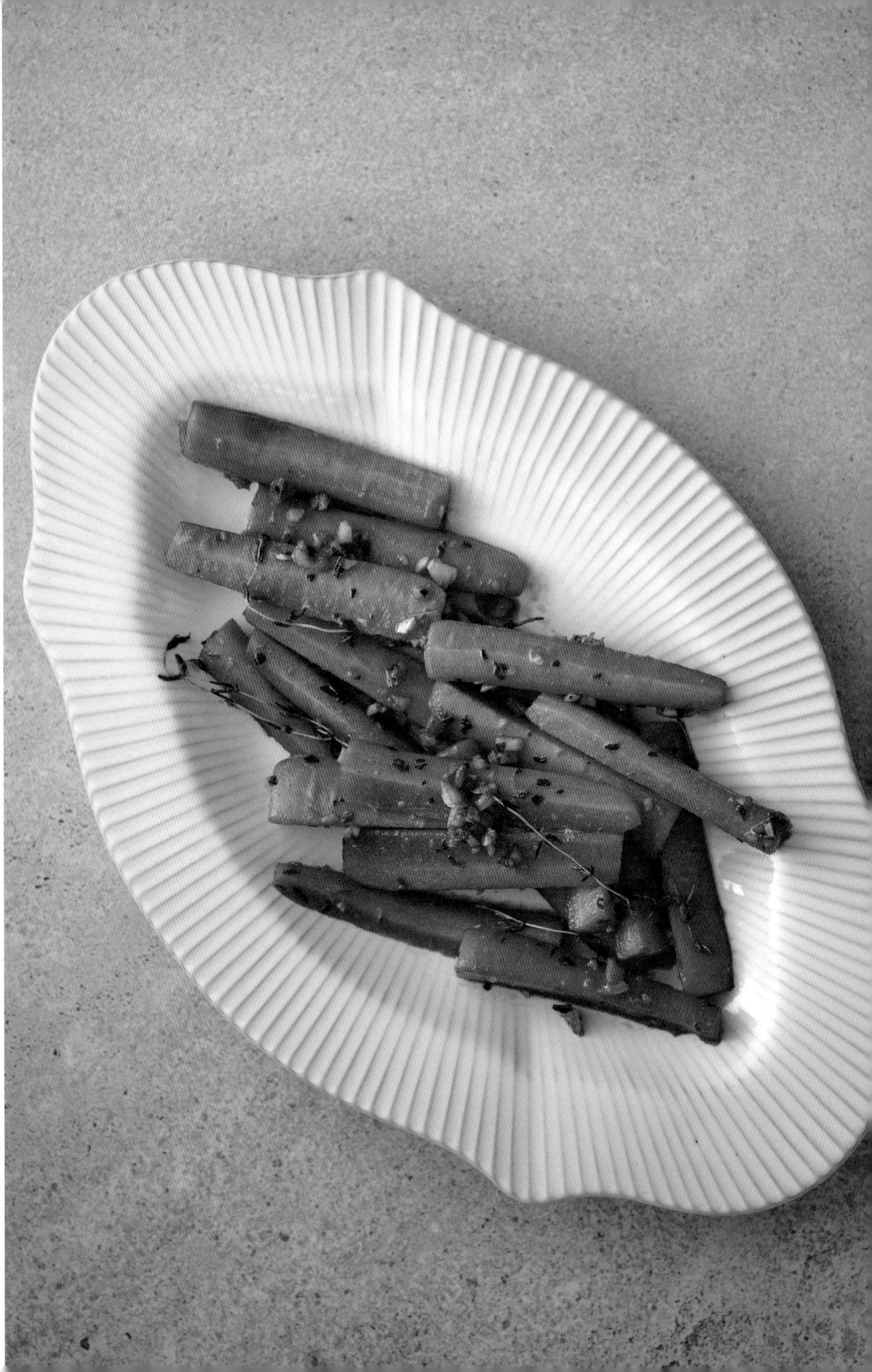

마늘향의 당근 글레이즈

글레이즈는 설탕 등을 사용해 재료에 윤기를 내는 조리법을 말해요. 당근을 구우면 마치 구운 고구마처럼 달짝지근한 맛이 나는데, 여기에 간장과 올리고당을 더해 생 당근을 좋아하지 않는 분들도 맛있게 먹을 수 있답니다.

2~3인분 25~30분

- 당근 2개
- 소금 2꼬집
- 물 1/4컵(50㎖)

양념
- 마늘 3쪽
- 올리브오일 2큰술
- 간장 1큰술
- 올리고당 1큰술
  (또는 비정제원당)
- 훈제 파프리카가루
  1/2작은술(또는 파프리카가루)
- 파슬리가루 약간
- 타임 4~5줄기(생략 가능)

1 당근은 6~7cm 길이의 손가락 굵기로 썰고, 양념 재료의 마늘은 굵게 다진다.

2 바닥이 두꺼운 냄비나 팬에 당근, 소금, 물을 넣고 중강 불에서 달궈지면 뒤적인다.
  • 바닥이 얇으면 당근이 눌어붙어 탈 수 있다. 이때는 오일 1큰술이나 물을
    더 넣는다.

3 뚜껑을 덮고 중간 불에서 3분, 약한 불에서 5분간 익힌 후 불을 끄고
  한두 번 뒤섞는다.

4 양념 재료를 섞어 넣은 후 중강 불에서 1분간 볶아 그릇에 담는다.

1

4

스모키 머스터드 당근

만년 부재료일 것만 같은 당근의 화려한 변신을 만나보세요. 당근에 훈제 파프리카가루로 스모키한 향을 입히고 멋스럽게 플레이팅 하면 외국 잡지에서 볼 법한 멋진 요리가 뚝딱 완성됩니다. 손님 초대 요리로도 추천해요.

(2~3인분) (25~30분)

- 당근 2개
- 올리브오일 1큰술
- 소금 2꼬집
- 그릭요거트 2~3큰술
- 다진 파슬리 약간

스모키 머스터드드레싱
- 양파절임 1큰술(75쪽)
- 올리브오일 1큰술
- 홀그레인 머스터드 1작은술
- 훈제 파프리카가루 1/3작은술
- 소금 약간
- 통후추 간 것 약간

1 당근은 손가락 굵기로 길게 썬다.

2 팬에 당근을 겹치지 않게 넣고 올리브오일, 소금을 넣는다. 중강 불에서 팬이 달궈지면 뚜껑을 덮고 중약 불에서 5분간 익힌다.

3 골고루 뒤적인 후 다시 뚜껑을 덮고 약한 불에서 당근을 포크로 찔렀을 때 부드럽게 들어갈 때까지 10분간 익힌다.

4 그릇에 당근, 그릭요거트를 담고 스모키 머스터드드레싱, 다진 파슬리를 뿌린다.
  • 마지막에 훈제 파프리카가루와 올리브오일을 추가해도 좋다.

TOMATO

고르기 균일하게 진한 빨간색을 띠는 토마토가 잘 익은 거예요. 꼭지가 신선한 녹색인 것, 손으로 들었을 때 묵직한 것을 고르고, 너무 단단하거나 무른 것은 피합니다.

보관하기 덜 익은 토마토는 서늘하고 그늘진 곳에 둡니다. 이때 종이봉투에 넣어두면 빠르게 익힐 수 있어요. 가능한 한 쌓지 말고 펼쳐서 보관하면 좋고, 빨리 먹지 않을 땐 키친타월에 감싸 밀폐용기에 넣어 냉장 보관해요. 단, 냉장하면 표면이 쭈글쭈글해지고 당도와 향이 줄어듭니다.

우리 가족 평생 건강 지킴이
토마토

한여름 빨갛게 익은 토마토를 보면 마치 작은 태양 같다는 생각이 듭니다. 한입 베어 물 때 매끄러운 껍질이 톡 하고 터지면서 신선한 과즙이 입안을 채우면, 자연의 에너지가 고스란히 내 몸에 전해지는 것 같아요.

이런 토마토가 과거에는 독성이 있는 채소로 여겨져 섭취가 금지된 적도 있었다고 해요. 하지만 이제는 전 세계적으로 무려 2만 5천여 가지의 품종이 존재한다고 하니, 토마토에 진심인 게 저뿐만은 아닌 것 같습니다. 요즘도 빨갛게 잘 익은 토마토를 보면 어떤 요리를 만들까 머릿속이 바쁘게 돌아가요. 다른 재료와 어울림도 좋고, 양식 한식 가릴 것 없이 어디에 더해도 맛을 풍부하게 해주니 좋은 토마토를 보면 무조건 장바구니에 넣어온답니다. 완숙토마토, 찰토마토, 흑토마토, 대저토마토, 방울토마토 등 시기마다 나오는 다양한 토마토 덕분에 일 년 내내 즐거워요.

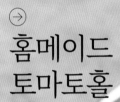

홈메이드 토마토홀

토마토가 맛있는 계절에 만들어 두세요. 다양한 요리에 감칠맛을 더할 수 있어요.

토마토 콩피

토마토를 올리브오일에 천천히 익히는 과정에서 단맛과 풍미가 진해져 깊은 맛을 내요.

콩피(Confit)
오일이나 시럽에 재료를 넣어 오랫동안 끓이는 요리 기법.

홈메이드 토마토홀

- 완숙 토마토 6개
- 따뜻한 물 1컵(200㎖) + 소금 1큰술
- 물 4컵(800㎖)

1 티스푼이나 칼로 토마토의 꼭지를 파낸 후 반대편에 십(+)자 모양으로 칼집을 낸다.

2 따뜻한 물(1컵)에 소금(1큰술)을 넣고 소금이 가라앉지 않게 녹인다.

3 넓은 냄비에 토마토, 물(4컵), ②의 소금물을 넣는다.

4 센 불에서 끓어오르면 뚜껑을 덮고 5분간 끓인 후 중강 불로 줄여 3분간 끓인다. 불을 끄고 1분간 뜸을 들인다.
   - 토마토 껍질을 제거해도 된다.

5 한 김 식힌 후 토마토와 소금물을 밀폐용기에 넣어 냉장 또는 냉동 보관한다.

TIP 토마토홀 활용하기
토마토소스, 스튜, 파스타, 김치찌개, 카레, 조림요리 등에 1~2개씩 넣으면 감칠맛을 낼 수 있다.

토마토콩피

- 방울토마토 1팩(500g)
- 마늘 3~4쪽
- 생허브 7~8줄기(타임, 로즈마리, 바질 등)
- 올리브오일 1컵(200㎖)
- 소금 약간
- 통후추 간 것 약간

1 팬이나 냄비에 토마토를 한 층으로 펼쳐 넣고 마늘, 생허브를 올린다.

2 토마토가 거의 잠기도록 올리브오일을 붓고 소금을 뿌린다.

3 뚜껑을 덮고 중약 불에서 팬이 달궈지면 약한 불로 줄여 30분 이상(최대 1시간 30분) 저온에서 천천히 익힌 후 불을 끄고 통후추 간 것을 뿌린다.
   - 오일이 부글부글 끓지 않도록 주의한다.

4 식힌 후 건더기와 오일을 밀폐용기에 넣어 냉장 또는 냉동 보관한다.

TIP 토마토콩피 활용하기
건더기는 바게트나 샐러드에 올려서, 파스타나 피자 토핑으로, 구운 고기나 생선 요리에 곁들여 먹고, 오일은 볶음이나 구이 요리에 사용한다.

토마토살사

살사는 스페인어로 소스를 뜻해요. 다양한
재료를 더해 나만의 살사를 만들어보세요.

TIP **토마토살사 활용하기**
바게트나 식빵에 올려
먹거나 구운 고기나
생선에 곁들인다.

(3~4인분) (15~20분(+숙성))

- 토마토 4개
  (또는 방울토마토 40개)
- 양파 1개
- 파프리카 1개
- 깻잎 4~5장(또는 고수)
- 청양고추 1개(생략 가능)
- 마늘 1쪽
- 라임즙 1개분(또는 레몬즙)
- 올리브오일 2작은술
- 소금 약간
- 통후추 간 것 약간

1 토마토, 양파, 씨를 제거한 파프리카는 사방 0.3~0.5cm 크기로 썬다.
- 푸드프로세서를 사용해 굵게 다져도 된다.

2 깻잎, 씨를 제거한 청양고추, 마늘은 굵게 다진다.
- 양파의 매운맛이 싫다면 찬물에 담갔다가 사용한다.

3 볼에 모든 재료를 넣고 섞는다. 냉장실에 넣어 30분 이상 숙성한 후 먹는다.
- 기호에 따라 으깬 아보카도, 치즈 등을 넣어도 좋다.

1,2

3

TIP **고추장 활용하기**
비빔밥, 볶음밥, 찌개,
볶음요리 등 고추장이
들어가는 모든 요리에
사용할 수 있다.

저염 토마토 고추장

염분은 줄이고 감칠맛은 올린 고추장이에요.
집밥을 업그레이드하는 비밀 병거랍니다.

(600㎖분) (30~35분(+숙성)) (냉장 2~3주)

- 토마토 4개
- 양파 1개
- 표고버섯 3~4개
  (또는 다른 버섯)
- 당근 1/2개
- 빨간 파프리카 1/2개
- 셀러리 1/2개(생략 가능)
- 마늘 8~10쪽
- 올리브오일 2큰술
- 소금 약간

양념
- 고춧가루 1큰술
- 간장 1큰술
- 고추장 6큰술

1 토마토, 양파, 표고버섯, 당근, 파프리카, 셀러리, 마늘은 각각 잘게 다진다.
  - 푸드프로세서를 사용해도 된다.

2 냄비나 팬에 올리브오일, 양파, 마늘을 넣고 중간 불에서 달궈지면
  약한 불에서 5분간 향이 나도록 볶는다.

3 토마토를 제외한 모든 채소와 소금을 넣고 뚜껑을 덮어 중약 불에서 5분간
  모든 재료가 완전히 익을 정도로 익힌다.

4 토마토를 넣고 토마토의 수분이 반 정도 줄어들 때까지 중강 불에서 10분간
  익힌 후 양념 재료를 넣고 중약 불에서 원하는 농도가 될 때까지 끓인다.

5 한 김 식힌 후 밀폐용기에 넣는다. 냉장실에 넣어 1시간 이상 숙성한 후 먹는다.

방울토마토 레몬 오일절임

한 입 베어 물면 터지는 토마토 즙과 레몬의 상쾌함이 입안을 가득 채워요. 어떤 메인 요리와도 잘 어울리며,
자체로도 훌륭한 식사가 된답니다.

(3~4인분) (10~15분) (냉장 3~4일)

- 방울토마토 35~40개
- 양파 1/4개

바질 레몬오일소스
- 레몬즙 3~4큰술
- 올리브오일 4큰술
- 꿀 1큰술(또는 메이플시럽)
- 다진 바질 약간
  (또는 다진 파슬리, 바질가루)
- 소금 약간

1 방울토마토는 2등분하고, 양파는 사방 0.5cm 크기로 썬다.

2 볼에 모든 재료를 넣고 섞는다. 냉장실에 넣어두고 시원하게 먹는다.
  • 먹기 전에 미리 꺼내 두면 오일이 녹아 더 맛있게 먹을 수 있다.

토마토 유자샐러드

토마토에 유자의 은은한 향과 간장의 감칠맛이 어우러져 토마토의 자연스러운 단맛을 더욱 돋보이게 합니다.
양파 덕분에 개운하고 깔끔하게 먹을 수 있어요.

2~3인분 10~15분

- 토마토 3개
- 양파 1개

유자 간장드레싱
- 다진 양파 2큰술
- 간장 1큰술
- 레몬즙 3큰술
- 올리브오일 4큰술
- 유자청 2작은술
- 통깨 간 것 1작은술
- 통후추 간 것 약간

1 토마토는 모양을 살려 0.3cm 두께로 썰고, 양파도 동그란 모양으로 얇게 썬다.

2 볼에 유자 간장드레싱 재료를 섞는다.

3 넓은 그릇에 토마토, 양파를 각각 1/2분량씩 깔고 드레싱도 1/2분량 끼얹는다.

4 남은 양파, 토마토를 깔고 남은 드레싱을 끼얹는다. 냉장실에 넣어 시원하게 먹는다.
  - 재료와 드레싱을 두 번에 나눠 넣으면 드레싱이 더 잘 밴다.

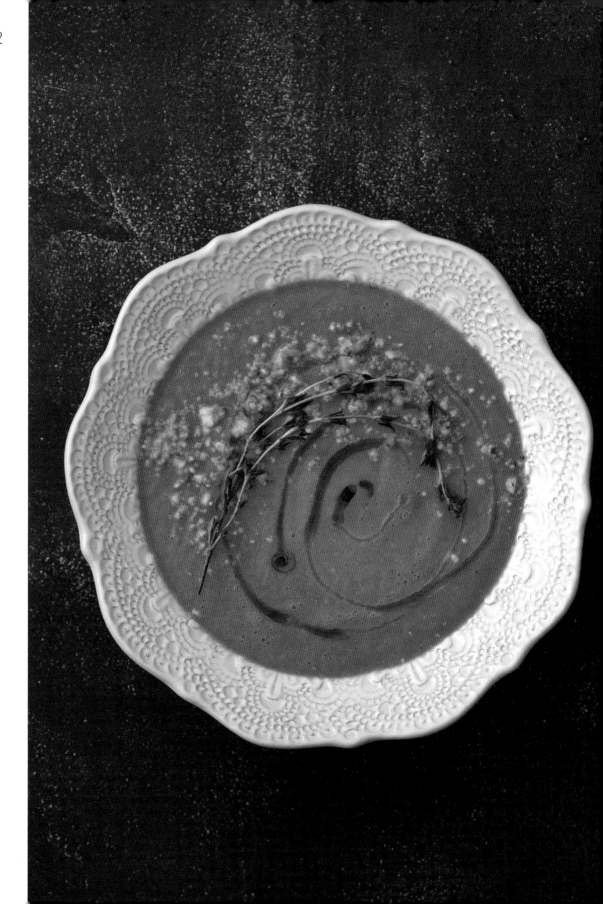

초간단 토마토 마늘수프

토마토의 껍질에는 몸에 좋은 라이코펜이 과육보다 5배 더 많이 들어있어요. 껍질까지 먹을 수 있는 방법을 생각하다가 만들게 된 수프입니다. 영양은 물론 간편하기까지 하니 꼭 만들어보세요.

- 완숙 토마토 8개
- 마늘 16쪽
- 소금 약간
- 올리브오일 약간
- 다진 견과류 약간

1 티스푼이나 칼로 토마토의 꼭지를 파낸다.

2 찜기에 마늘, 토마토를 넣고 냄비의 물이 끓어오르면 찜기를 올려 중간 불에서 10분, 약한 불로 줄여 15분간 찐 후 한 김 식힌다.

3 믹서에 ②의 토마토, 마늘을 넣어 곱게 간다.

4 그릇에 담고 소금, 올리브오일, 다진 견과류를 기호에 맞게 넣어 먹는다.
  - 타임, 바질 등 허브를 더해도 좋다.

무수분 토마토 양파수프

물은 거의 넣지 않고 토마토와 양파의 즙으로 만들어 재료의 깊고 진한 맛을 느낄 수 있어요.
재료가 타지 않도록 주물 냄비처럼 바닥이 두꺼운 냄비를 사용할 것을 추천합니다.

- 토마토 9개
- 양파 3개
- 소금 약간
- 올리브오일 약간
- 참치액 1큰술
- 월계수잎 2~3장
- 바질가루 1작은술
- 통후추 간 것 약간
- 다진 파슬리 약간(생략 가능)

1   토마토는 4등분하고, 양파는 가늘게 채 썬다.

2   바닥이 두꺼운 냄비에 양파, 소금(1/4작은술),
    올리브오일(2큰술)을 넣고 중강 불에서
    냄비가 달궈지면 중약 불로 줄여 5분간 볶는다.
    물(3큰술)을 넣고 뚜껑을 덮어 약한 불에서
    4분간 익힌다.

3   토마토, 소금(1/4작은술), 올리브오일(2큰술)을 넣고
    섞은 후 뚜껑을 덮고 중간 불에서 3분간 익힌다.
    대강 섞은 후 다시 뚜껑을 덮고 약한 불에서 5분간
    뭉근히 끓인다.

4   토마토에서 충분히 즙이 나오면 집게로
    껍질을 건져내고 매셔로 과육을 으깬다.

5   참치액, 월계수잎, 바질가루를 넣고 중간중간
    저어가며 중약 불에서 8분간 끓인 후 월계수잎을
    건져낸다. 소금으로 부족한 간을 더한다.
    • 더 부드럽게 먹고 싶다면 믹서에 넣고 간다.

6   그릇에 담고 통후추 간 것, 다진 파슬리를 뿌린다.

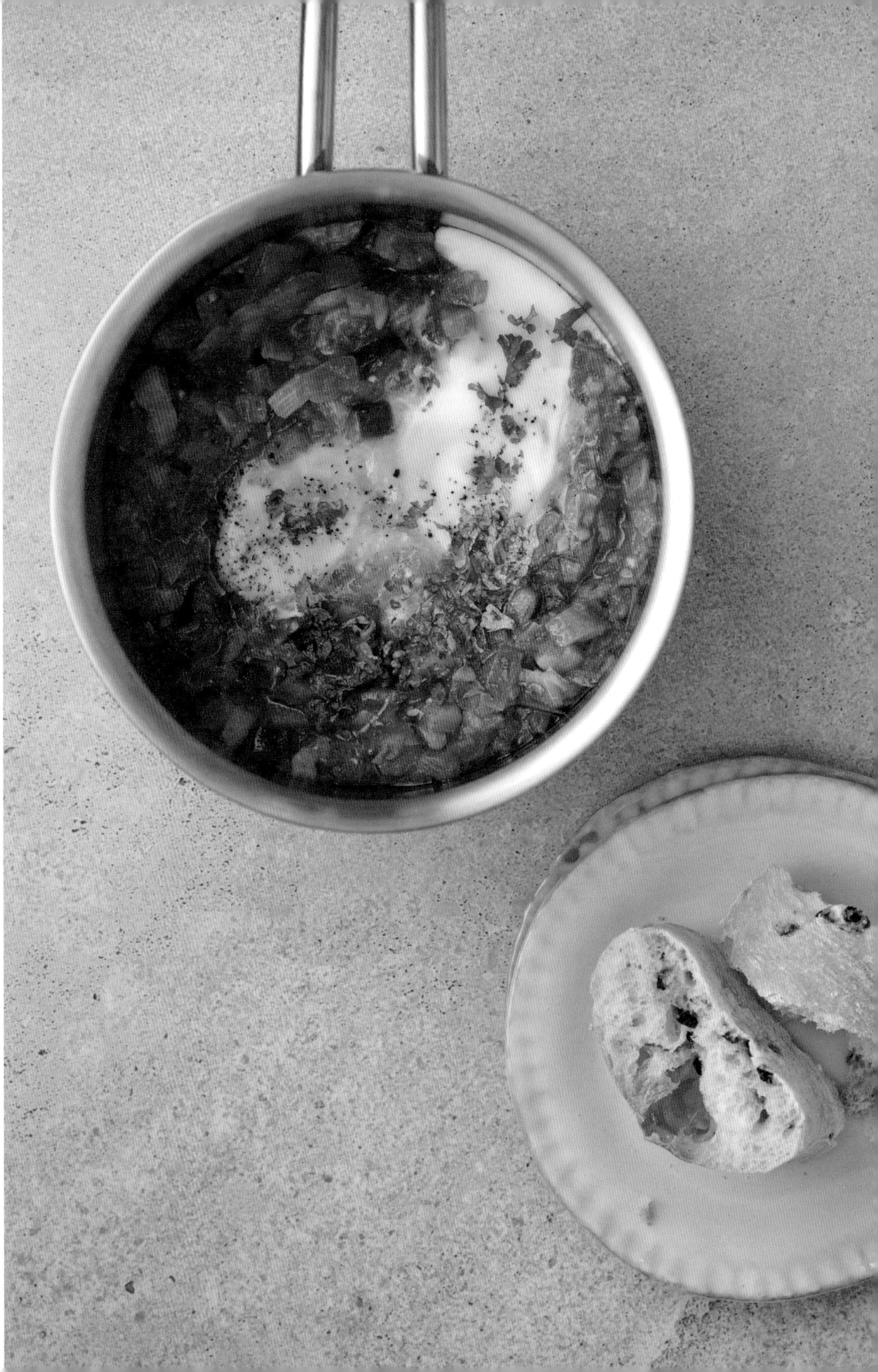

토마토 가지 에그인헬

토마토소스에 반숙 달걀이 올라간 요리를 말하는 에그인헬(eggs in hell)은 팬 하나로 만들 수 있는 간단하고 멋스러운
요리예요. 여기에 가지를 넣어 식감을 살리고, 저염 토마토 고추장으로 더욱 건강하게 만들었습니다.

1~2인분   30~35분

* 토마토 2개
* 가지 1개
* 양파 1/2개
* 달걀 2~3개
* 저염 토마토 고추장 1큰술(89쪽, 또는 토마토소스)
* 소금 1꼬집
* 올리브오일 약간
* 통후추 간 것 약간
* 다진 파슬리 약간(생략 가능)

1 토마토, 가지, 양파는 사방 0.7~1cm 크기로 썬다.

2 달군 냄비나 팬에 올리브오일(1큰술), 양파, 소금을
   넣고 중강 불에서 5분간 양파가 투명해질 때까지
   볶은 후 토마토, 가지를 넣고 2분간 볶는다.

3 뚜껑을 덮고 중약 불에서 3~4분간 익혀 토마토,
   가지가 부드럽게 익으면 저염 토마토 고추장을 넣어
   섞는다.

4 익은 채소들 사이에 작은 공간을 만들어 달걀을
   깨 넣고 뚜껑을 덮어 약한 불에서 달걀이 반숙이
   되도록 뭉근히 익힌다.

5 불을 끄고 올리브오일(2큰술), 통후추 간 것,
   다진 파슬리를 뿌린다.

BROCCOLI

고르기 잎이 선명하면서 줄기 바닥 부분은 신선한 녹색인 것, 꽃송이가 작으면서 전체적으로 빼곡하고 단단한 것을 고릅니다.

보관하기 습기를 싫어하므로 키친타월로 감싸 밀폐용기나 지퍼백에 넣어 냉장 보관하면 1~2주간 신선하게 유지돼요.

쓰고 남은 것은 잘라서 밀폐용기에 넣어 냉장 보관하며 3~4일 안에 먹는 것이 좋아요.

꽃봉오리 가득 머금은 슈퍼 효능

브로콜리

아이들이 어릴 때 브로콜리를 싫어했어요. 그때 저는 나의 엄마가 그랬던 것처럼, 브로콜리를 흔들며 "안녕! 나는 우주에서 온 마법의 나무야. 먹을 때마다 우주의 힘을 얻게 된단다"라고 말했지요. 한창 우주에 관심이 많을 때라서 이 수법이 잘 통하곤 했답니다.

웬만한 사람들에게 브로콜리의 첫 기억은 좋지 않을 거예요. 저 또한 맛이 아닌 건강 때문에 먹기 시작했죠. 지금이야 아삭하고 싱그러운 브로콜리의 매력을 알지만, 처음엔 초장을 찍어 매콤 새콤한 맛으로 먹었어요. 그런데 생각해보면 사람들이 왜 초장으로 브로콜리를 시작하는지 이해가 돼요. 그냥 먹으면 달지도 쓰지도 않은 맹맹한 맛에 부스러지는 질감하며, 부피 탓에 다른 채소처럼 부재료로 쓰기도 쉽지 않지요. 그래서 이번에 브로콜리의 다양한 매력을 담았어요. 많은 시도 끝에 완성된 조리법을 소개하니, 여러분도 브로콜리의 진정한 매력을 알게 되길 바랍니다.

→

브로콜리
스팀샐러드

브로콜리를 즐기는 가장
심플한 방법! 찐 브로콜리에
고소한 들기름드레싱을
입혀보세요.

→

브로콜리
퀴노아샐러드

이 샐러드를 보면 여름이
생각나요. 오이, 토마토에
퀴노아까지 더해져 여름
맞이 다이어트용으로
제격이에요.

브로콜리 스팀샐러드

1~2인분 10~15분

- 브로콜리 1개
  (또는 콜리플라워)
- 소금 약간

들기름드레싱
- 들기름 2큰술
- 통들깨 2큰술
  (또는 들깻가루)
- 소금 1/2작은술
- 통후추 간 것 약간

1 브로콜리는 송이와 줄기를 한입 크기로 썬다.

2 찜기에 브로콜리를 넣고 소금을 뿌린다. 냄비의 물이 끓어오르면 찜기를 올려 중간 불에서 아삭한 식감을 원하면 3분, 부드러운 식감을 원하면 4분간 찐다.

3 볼에 브로콜리, 들기름드레싱 재료를 넣고 버무린다.

브로콜리 퀴노아샐러드

2~3인분 25~30분

- 브로콜리 1개
  (또는 콜리플라워)
- 오이 1개
- 방울토마토 10개
- 삶은 퀴노아 1/2컵(45쪽)

드레싱
- 올리브오일 2큰술
- 레몬즙 2큰술
- 소금 약간
- 통후추 간 것 약간

1 브로콜리는 송이와 줄기를 한입 크기로 썰고, 오이는 사방 0.8cm 크기로 썬다. 방울토마토는 4등분한다.

2 찜기에 브로콜리를 넣고 냄비의 물이 끓어오르면 찜기를 올려 중간 불에서 아삭한 식감을 원하면 3분, 부드러운 식감을 원하면 4분간 찐다.

3 볼에 모든 재료를 넣고 드레싱 재료를 넣어 버무린다.

브로콜리 병아리콩 요거트샐러드

입맛이 없을 때 즐겨 먹는 샐러드예요. 한 끼 식사로도 든든하고, 새콤한 그릭요거트드레싱이 입맛을 돋워준답니다.
마지막에 톡톡 뿌리는 파프리카가루가 별미예요.

- 브로콜리 1개
  (또는 콜리플라워)
- 삶은 병아리콩 1컵(45쪽)
- 훈제 파프리카가루 약간
  (생략 가능)

그릭요거트드레싱
- 그릭요거트 1/2컵(100㎖)
- 다진 마늘 1/3~1/2큰술
- 레몬즙 2큰술
- 올리브오일 2큰술
- 소금 약간
- 통후추 간 것 약간

1 브로콜리는 한입 크기로 썬다.

2 찜기에 브로콜리를 넣고 냄비의 물이 끓어오르면 찜기를 올려 중간 불에서
3분~3분 30초간 찐다.

3 볼에 브로콜리, 삶은 병아리콩, 그릭요거트드레싱을 넣고 버무린다.

4 그릇에 담고 훈제 파프리카가루를 뿌린다.

병아리콩 비트 후무스와 브로콜리구이

비트의 예쁜 핑크색이 더해진 고소한 병아리콩 후무스에 노릇하게 구운 브로콜리를 올려보세요.
브로콜리를 썰어 크리미한 질감의 후무스를 찍어 먹으면 오감은 물론 영양까지 꽉 채워준답니다.

- 브로콜리 1개(또는 콜리플라워)
- 통깨 1큰술
- 올리브오일 1큰술

병아리콩 비트 후무스
- 불린 병아리콩 1컵(또는 삶은 병아리콩, 45쪽)
- 비트 1/4개
- 무첨가 땅콩버터 2큰술
- 레몬즙 2큰술
- 마늘 1쪽
- 올리브오일 2큰술
- 소금 약간

1 찜기에 불린 병아리콩, 비트를 넣고 냄비의 물이
  끓어오르면 찜기를 올려 중간 불에서 30~40분간 찐다.

2 브로콜리는 모양을 살려 3~4등분한다.

3 팬에 올리브오일, 브로콜리, 물(1~2큰술)을 넣고
  뚜껑을 덮은 후 중간 불에서 팬이 달궈지면 중약 불로
  줄여 5분간 익힌다.

4 뚜껑을 열고 중간 불에서 앞뒤로 뒤집어가며 1~2분간
  노릇하게 굽는다.
  • 기름이 부족하면 올리브오일(1큰술)을 추가한다.

5 푸드프로세서에 병아리콩 비트 후무스 재료를 넣고
  곱게 간다.
  • 너무 되직하면 올리브오일을 추가한다.

6 병아리콩 비트 후무스를 그릇에 넓게 깔고
  브로콜리를 올린 후 통깨를 손으로 으깨서 뿌린다.
  • 크러쉬드 레드페퍼 또는 파프리카가루를
    뿌려도 좋다.

TIP 병아리콩 비트 후무스 활용하기
크래커나 빵, 채소를 찍어 먹거나 샐러드 드레싱으로
활용한다.

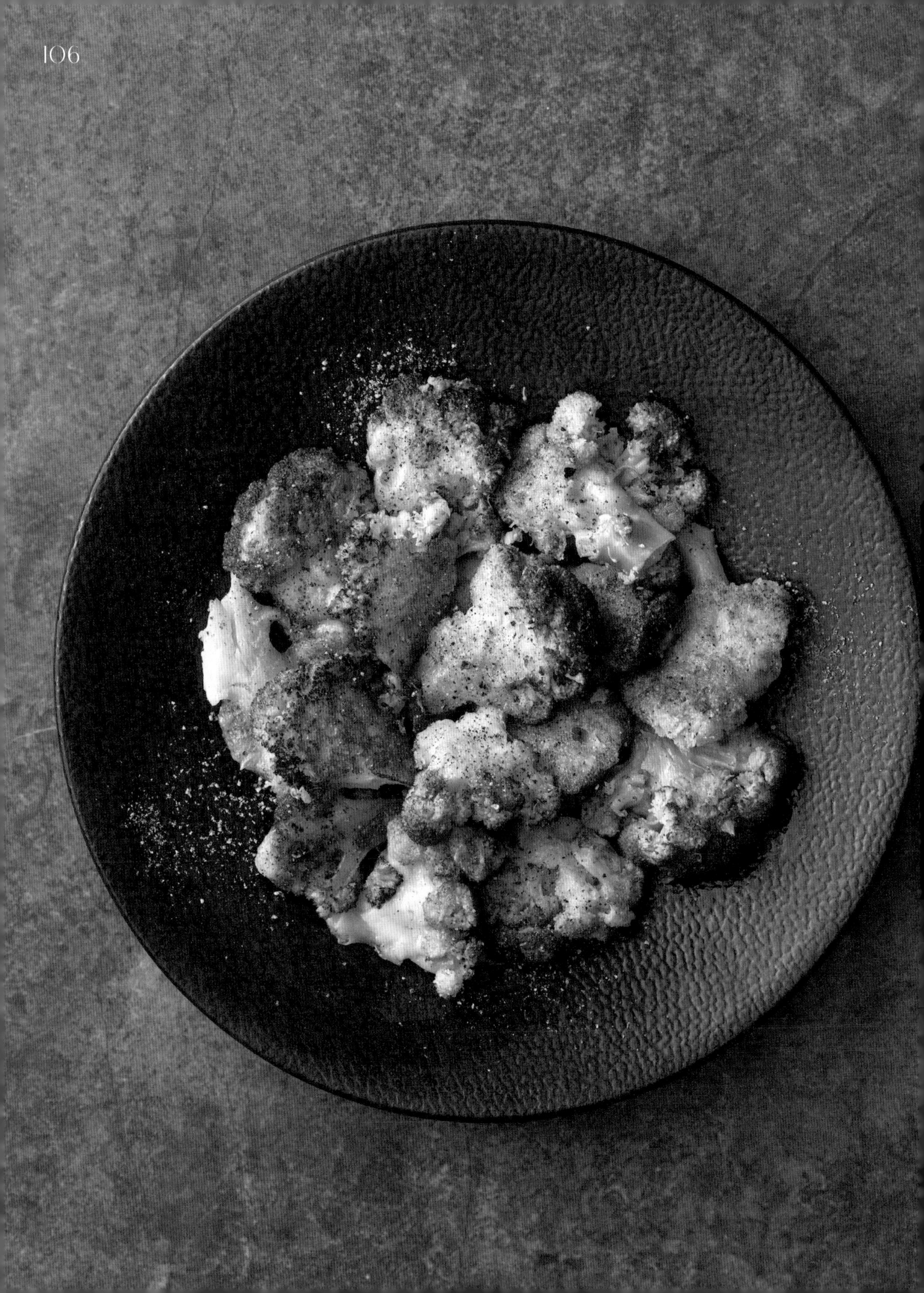

브로콜리 치즈구이

브로콜리를 쪄서 팬에 살짝 구우면 겉은 노릇 바삭하고 속은 촉촉한 식감이 되지요. 여기에 치즈를 뿌려 구우면 먹는 순간
'이게 정말 브로콜리 맞아?'라는 생각이 절로 든답니다. 아이 간식으로도 추천해요.

(1~2인분) (20~25분)

- 브로콜리 1/2개
  (또는 콜리플라워)
- 슈레드치즈 1컵
- 소금 2꼬집
- 올리브오일 1큰술
- 통후추 간 것 약간

1 브로콜리는 한입 크기로 썬다.

2 찜기에 브로콜리를 넣고 소금을 뿌린다. 냄비의 물이 끓어오르면 찜기를 올려
  중간 불에서 3~4분간 찐다.

3 찐 브로콜리를 도마에 놓고 컵 밑면으로 납작하게 누른다.
  • 브로콜리를 납작하게 누르면 팬에 닿는 면적이 넓어져 더 노릇하게 구울 수 있다.

4 팬에 올리브오일, 브로콜리를 넣고 센 불에서 30초~1분간 노릇하게 굽는다.

5 뒤집어서 슈레드치즈를 올리고 치즈가 녹으면 불을 끈다.
  • 치즈까지 노릇하게 익히고 싶으면 뒤집어서 더 굽는다.

6 그릇에 담고 통후추 간 것을 뿌린다.

TIP 에어프라이어로 굽기
납작하게 누른 브로콜리에 슈레드치즈를 뿌리고 180℃에서 예열한 에어프라이어에
넣어 3~4분간 굽는다.

브로콜리 감자범벅

브로콜리에 감자, 달걀로 든든함을 더해 식사 대용으로 좋아요. 평소 마요네즈를 좋아하지만 건강 때문에 꺼렸다면
두부 참깨소스를 이용해보세요. 묵직하고 고소한 맛이 마요네즈보다 한 수 위랍니다.

 2~3인분 40~45분

- 브로콜리 1개
  (또는 콜리플라워)
- 감자 2개
- 달걀 3개

두부 참깨소스
- 두부 1/3모(100g)
- 볶은 참깨 4큰술
- 마늘 1쪽
- 간장 1큰술
- 레몬즙 1큰술
  (또는 천연발효 사과식초)
- 참기름 1큰술
- 꿀 1작은술
- 소금 약간
- 통후추 간 것 약간

1 브로콜리는 한입 크기로 썰고, 감자는 껍질 벗긴 후 한입 크기로 썬다.

2 찜기에 브로콜리, 감자를 넣고 냄비의 물이 끓어오르면 찜기를 올려 중간 불에서
   3~4분간 찐 후 브로콜리만 뺀다. 감자는 17분간 더 찌고 뺀다.

3 냄비에 물을 넣고 찜기를 올린 후 달걀을 넣는다. 중간 불에서 11분간 찐 후
   찬물에 담가 껍데기를 벗기고 2등분한다.

4 두부는 전자레인지에 2분간 돌린다. 푸드프로세서에 두부 참깨소스 재료를 넣고
   곱게 간다.

5 볼에 브로콜리, 감자, 두부 참깨소스를 넣고 버무린 후 달걀을 넣어 살살 섞는다.

2

4

ZUCCHINI EGGPLANT

애호박 **고르기** 꼭지가 신선한 것, 표면이 매끈하고 깨끗한 것을 고르세요.

보관하기 상온에서 보관해야 맛과 질감이 더 오래 유지됩니다. 바로 먹을 수 없을 때는 표면에 습기가 남지 않게 키친타월로 감싸 냉장고 채소 칸에 보관해요.

가지 **고르기** 보라색이 짙고 선명하며 꼭지에 가시가 많고 싱싱한 것, 상처가 없고 묵직한 것을 고르세요.

보관하기 금방 시들기 때문에 되도록 빨리 먹는 게 좋아요. 낮은 온도에서는 수분이 증발해 더욱 시들기 쉬우므로 신문지로 싸서 통풍이 잘되는 어두운 곳에 두세요.

조리법마다 달라지는 다채로운 매력

애호박
가지

애호박과 가지는 두드러지는 맛이나 향이 없어 자칫 특색 없는 채소라고 생각하기 쉬워요. 하지만 바로 그 점이 애호박과 가지를 특별하게 만듭니다. 우선 두 가지 모두 튀는 맛이나 향을 가지고 있지 않기 때문에 어느 요리에 더해도, 어떤 재료와도 잘 어울리는 편이에요. 애호박의 경우 얇게 썰어 전을 부치면 달콤한 맛과 살캉한 식감이 좋고, 수프에 더하면 부드러운 맛을, 찌개에 넣으면 국물의 깊은 맛을 더합니다. 긴 모양 덕분에 다른 재료를 넣어 돌돌 말거나 면처럼 활용하기도 좋지요. 가지는 또 어떻고요. 찜기에 찌면 수분 가득 머금은 촉촉한 식감이 매력적이고, 구우면 쫄깃한 고기 같기도 하답니다. 참고로 애호박과 비슷한 모양을 가지고 있는 주키니는 애호박보다 색이 진하고 통통해 '돼지호박'으로도 불려요. 단단해서 볶거나 굽는 요리에 사용하기 적합하고, 샐러드에 생으로 더하기도 좋답니다.

애호박 쿠스쿠스 샐러드

애호박을 통통하게 썰어 살캉한 식감을 느낄 수 있어요. 쿠스쿠스를 더해 더 든든하게 즐기세요.

쿠스쿠스(Couscous)
듀럼밀로 만든 좁쌀 모양의 작은 파스타로 샐러드나 스튜에 곁들인다. 온라인에서 구입할 수 있다.

애호박 쿠스쿠스 샐러드

(1~2인분) (20~25분)

- 애호박 1개
- 방울토마토 5개
- 쿠스쿠스 1/4컵
- 소금 약간
- 올리브오일 약간

드레싱
- 올리브오일 2큰술
- 레몬즙 1큰술
- 발사믹식초 1큰술
- 소금 약간
- 통후추 간 것 약간

1 냄비에 물(1컵), 올리브오일(1큰술), 소금(약간)을 넣고 끓인 후 불을 끄고 쿠스쿠스를 넣는다. 뚜껑을 덮어 5분간 둔 후 쿠스쿠스를 포슬포슬하게 푼다.

2 애호박은 1cm 두께로 썰어 소금(약간)을 뿌린다. 방울토마토는 2등분한다.
 • 크링클커터를 사용하면 그릴 자국을 낼 수 있다.

3 팬에 올리브오일(약간), 애호박, 방울토마토를 넣고 중간 불에서 뒤집어가며 6~8분간 노릇하게 굽는다. 그릇에 담고 쿠스쿠스, 드레싱을 뿌린다.

애호박 카르파초

1~2인분   10~15분

- 애호박 1개
- 래디시 2~3개
- 리코타치즈 약간
- 생허브 약간
  (애플민트, 바질 등)
- 핑크페퍼 약간(생략 가능)
- 통후추 간 것 약간

드레싱
- 올리브오일 2큰술
- 레몬즙 1큰술
- 소금 약간
- 통후추 간 것 약간

1 애호박은 필러나 양배추 채칼을 이용해 길게 슬라이스하고,
래디시는 모양대로 얇게 썬다.
- 애호박은 동그랗게 썰어도 된다.

2 끓는 물에 소금(약간), 애호박을 넣고 30초~1분간 데친 후 찬물에
헹군다. 키친타월로 눌러 물기를 제거한다.

3 그릇에 애호박을 리본처럼 겹쳐서 담고 래디시, 리코타치즈,
허브를 올린다. 드레싱, 핑크페퍼, 통후추 간 것을 뿌린다.

↑
애호박
카르파초

고기나 생선 대신
애호박으로 만든 비건
카르파초예요. 식전
에피타이저로도 추천해요.

카르파초(Carpaccio)
얇게 썬 생고기나 생선에
올리브오일, 레몬즙 등을
더하는 이탈리아 요리.

허브 주키니구이

주키니의 매력을 모르겠다면 먼저 이 요리를 만들어보세요. 달콤한 주키니에 파프리카가루와 허브의 향이 입혀져 심플하면서도 고급스러운 맛을 느낄 수 있어요.

(1~2인분) (25~30분)

- 주키니 1개(또는 애호박)
- 레몬 1개
- 마늘 3~4쪽
- 생허브 3~4줄기(타임, 로즈마리 등)
- 올리브오일 2~3큰술
- 소금 약간
- 훈제 파프리카가루 약간(생략 가능)
- 통후추 간 것 약간

1 주키니는 손가락 크기로 썰고,
   레몬은 2등분한다. 마늘은 편 썬다.

2 주키니에 소금을 뿌려 5분간 둔 후
   수분이 나오면 키친타월로 살짝 누른다.

3 팬에 올리브오일을 두르고 주키니의 안쪽 면이
   팬에 닿도록 넣어 중간 불에서 한 면당 3~4분간
   노릇하게 굽는다.
   • 애호박으로 만들 때는 굽는 시간을 줄여야
     물러지지 않는다.

4 레몬, 마늘, 허브를 넣고 중간 불에서 5분간
   뒤집어가며 굽는다.
   • 마늘이 타지 않도록 주의한다.

5 그릇에 담고 구운 레몬 반 개는 즙을 짜서 뿌린다.
   훈제 파프리카가루, 통후추 간 것을 뿌린다.

팽이버섯 애호박롤

토마토소스에 푹 빠진 팽이버섯 애호박롤은 채소요리가 낯선 분들도 맛있게 먹을 수 있어요.
재료를 잘 말기 위해서 애호박을 얇게 써는 게 중요합니다.

1~2인분 25~30분

- 애호박 1개
- 팽이버섯 1봉(200g)
- 소금 2꼬집
- 올리브오일 2큰술
- 토마토소스 1과 1/2컵
  (또는 94쪽 무수분 토마토
  양파수프, 300㎖)
- 수프용 채수 1/2컵
  (44쪽, 100㎖, 또는 물)
- 송송 썬 쪽파 약간
  (또는 다진 파슬리)
- 그라나파다노치즈 약간

1 애호박은 양배추 채칼이나 슬라이서를 사용해 길이 방향으로 얇게 슬라이스한다.
  앞뒤로 소금, 올리브오일을 뿌려 3분간 둔다.

2 팽이버섯은 밑동을 제거하고 2.5cm 두께로 뜯는다.

3 애호박에 팽이버섯을 넣고 돌돌 만다.

4 팬에 토마토소스(1컵)를 깔고 애호박롤의 말린 부분이 바닥으로 가도록 가지런히
  놓는다.

5 토마토소스(1/2컵)에 채수를 넣고 섞은 후 애호박에 붓는다. 뚜껑을 덮고
  중강 불에서 3~4분간 끓인다.
   • 간이 부족하면 소금을 더한다.

6 뚜껑을 열고 중간 불에서 2~3분간 저어가며 소스를 끓여 걸쭉하게 졸인다.
   • 소스가 눌어붙을 수 있으니 상태를 보며 중약 불~중간 불로 불세기를 조절한다.

7 그릇에 담고 송송 썬 쪽파를 뿌린 후 그라나파다노 치즈를 갈아서 뿌린다.

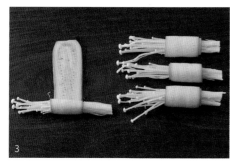

크림 없이 만드는 애호박수프

애호박과 감자로 부드러운 식감을 냈어요. 크림이 들어간 일반 크림수프보다 건강하고 맛이 깔끔하답니다.
따뜻한 빵을 곁들이거나 크루통을 올리면 더 든든해요.

(1~2인분) (45~50분)

- 애호박 1개
- 감자 1개
- 대파 흰 부분 15cm 3대
- 마늘 2쪽
- 올리브오일 2큰술
- 수프용 채수 1컵(44쪽, 200㎖, 또는 물)
- 소금 약간
- 통후추 간 것 약간
- 송송 썬 쪽파 약간(또는 다진 파슬리)
- 크러쉬드 레드페퍼 약간

1 애호박은 한입 크기로 썰고, 감자는 필러로 껍질을
　 벗긴 후 애호박과 비슷한 크기로 썬다.
　 대파는 2~3cm 길이로 썰고, 마늘은 편 썬다.

2 냄비에 올리브오일을 두르고 중간 불에서 달궈지면
　 대파, 마늘을 넣고 7~8분간 볶는다.

3 애호박, 감자를 넣고 중강 불에서 1분간 볶아
　 대파와 마늘의 향을 입힌다.

4 채수, 소금, 통후추 간 것을 넣고 끓기 시작하면
　 중약 불로 줄여 채소가 부드러워질 때까지
　 15~20분간 끓인다.

5 채소가 충분히 익으면 불을 끄고 식힌 후
　 믹서에 넣고 간다.
　 • 기호에 따라 가는 정도를 조절한다.

6 그릇에 담고 송송 썬 쪽파, 크러쉬드 레드페퍼를
　 뿌린다.

애호박 양파 카라멜라이즈드 토스트

달콤한 맛이 좋은 애호박과 충분히 볶아 단맛이 올라온 양파를 함께 사용해 맛을 극대화했어요.
브런치 메뉴나 간단한 초대 음식으로 추천해요.

- 통밀빵 2조각
- 리코타치즈 4~6큰술
  (또는 그릭요거트,
  124쪽 가지 디핑소스)
- 애호박 1개
- 양파 2개
- 올리브오일 2큰술
- 소금 약간
- 통후추 간 것 약간
- 다진 파슬리 약간(생략 가능)
- 핑크페퍼 약간(생략 가능)

1 애호박은 양배추 채칼이나 슬라이서로 길이 방향으로 얇게 슬라이스하고,
   양파는 0.5cm 두께로 채 썬다.

2 팬에 올리브오일, 양파, 소금(2꼬집)을 넣고 약한 불~중간 불에서 20분간 갈색이
   나도록 충분히 볶는다.

3 양파를 팬의 한쪽으로 밀어두고 애호박, 소금(1꼬집)을 넣어 앞뒤로 1분간 굽는다.

4 통밀빵에 리코타치즈를 바르고 양파 → 애호박 순으로 올린 후 통후추 간 것,
   다진 파슬리, 핑크페퍼를 뿌린다.
   • 올리브오일을 뿌려도 좋다.

TIP 에어프라이어로 굽기
통밀빵에 볶은 양파와 애호박, 슈레드치즈를 올린 후 170~180℃로 예열한
에어프라이어에 넣고 치즈가 녹을 때까지 2~3분간 굽는다.

애호박면 파스타

파스타를 좋아하지만 밀가루 때문에 걱정이라면 채소면으로 만들어보세요.
애호박은 기다란 모양과 적당한 식감 덕분에 길게 썰어 면처럼 사용하기 좋아요.

- 애호박 1개
- 양송이버섯 3~4개
- 양파 1/2개
- 마늘 2쪽
- 올리브오일 2큰술
- 소금 약간
- 들기름 1큰술
- 통후추 간 것 약간
- 송송 썬 쪽파 약간
- 그라노파다노치즈 약간(생략 가능)
- 크러쉬드 레드페퍼 약간

1 애호박은 씨 부분이 나올 때까지 채칼로 길게
썬 후 소금(2꼬집)을 뿌린다.
  • 애호박 씨는 물기가 많아 잘 부서지므로
  찌개 등에 활용한다.

2 양송이버섯, 양파는 0.3~0.4cm 두께로 썰고,
마늘은 굵게 다진다.

3 팬에 올리브오일을 넣고 중강 불에서 팬이
달궈지면 중약 불로 줄인 후 마늘, 양파를 넣고
3분간 볶는다.

4 양송이버섯, 소금(1꼬집)을 넣고 중간 불에서 2분간
볶는다.

5 애호박, 소금(1꼬집)을 넣고 중강 불로 올려
1~2분간 볶는다.
  • 애호박 채가 얇으면 익히는 시간을 줄인다.

6 불을 끄고 들기름, 통후추 간 것을 넣고 섞는다.

7 그릇에 담고 송송 썬 쪽파를 뿌린다. 그라나파다노
치즈를 갈아 넣고 크러쉬드 레드페퍼를 뿌린다.

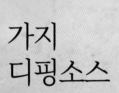

가지
디핑소스

가지에 마늘, 들기름, 통들깨 등을 더해 만든
소스로, 고소함과 감칠맛이 좋아요. 채소나
빵에 곁들여 다양하게 즐겨보세요.

활용 1_ 채소스틱 딥핑소스

활용 2_ 빵에 스프레드

가지 디핑소스

• 가지 3개

양념
• 마늘 2쪽
• 들기름 1큰술
• 올리브오일 2큰술
• 참치액 1큰술(생략 가능)
• 통들깨 2작은술(또는 참깨)
• 소금 1/4작은술
• 넛맥가루 약간(생략 가능)

1 가지는 한입 크기로 썰어 찜기에 넣는다. 냄비의 물이 끓어오르면 찜기를 올리고 중강 불에서 가지가 부드러워질 때까지 10분간 찐다.

2 찐 가지를 주걱으로 눌러 물기를 빼면서 한 김 식힌다.

3 푸드프로세서에 가지, 양념 재료를 넣고 곱게 간다. 일주일 안에 먹을 분량은 밀폐용기에 담아 냉장 보관하고 나머지는 냉동 보관한다.
• 냉동할 경우 얼음틀에 얼리면 간편하다.

TIP 구워서 만들기
팬에 올리브오일, 다진 마늘을 넣고 약한 불에서 볶다가 가지, 소금을 넣어 중약 불에서 10분간 굽는다. 혹은 가지를 길게 2등분해 올리브오일, 소금, 통후추 간 것을 뿌린 후 180℃로 예열한 에어프라이어나 오븐에서 25~30분간 굽는다. 믹서에 구운 가지와 양념을 넣고 간다.

TIP 깔끔한 맛으로 즐기기
위의 양념 대신 마늘 2쪽, 참깨 3큰술, 올리브오일 3큰술, 레몬즙 2큰술, 소금 약간, 통후추 간 것 약간을 넣는다.

1

2

토마토 고추장소스 가지구이

가지를 좋아하지 않는 아들이 신기한 맛이라며 좋아했던 메뉴예요. 눈을 감고 먹으면 쫄깃한 식감이 마치 고기 같기도 하답니다. 저염 토마토 고추장 덕분에 소스를 넉넉하게 발라도 걱정 없어요.

(1~2인분) (25~30분)

- 가지 2개
- 올리브오일 2큰술
- 소금 1/3작은술
- 저염 토마토 고추장 3~4큰술(89쪽)
- 송송 썬 쪽파 약간(생략 가능)
- 통들깨 약간(또는 참깨)

1 가지는 길게 2등분한 후 안쪽에 벌집 모양으로 칼집을 낸다. 소금을 뿌려 15분간 둔 후 키친타월로 물기를 제거한다.

2 팬에 올리브오일을 두르고 중강 불에서 팬이 달궈지면 가지를 넣는다. 중약 불로 줄인 후 뚜껑을 덮고 앞뒤로 각각 4~5분간 익힌다.

3 약한 불로 줄이고 가지 안쪽에 토마토 고추장을 넉넉히 바른다.

4 중간 불에서 앞뒤로 재빠르게 구워 불향을 낸다.
　• 타지 않게 주의한다.

5 그릇에 담고 송송 썬 쪽파, 통들깨를 뿌린다.
　• 따뜻한 밥에 올려 덮밥으로 먹어도 맛있다.

된장소스 가지 두부덮밥

가지는 다른 채소에 비해 장류와 특히 잘 어울려요. 된장소스로 가지와 두부를 익혀
밥에 올려 먹을 수 있도록 만들었습니다. 마치 고급스러운 중국 요리 같아요.

- 밥 1공기
- 가지 2개
- 두부 2/3모(200g)
- 양파 1/2개
- 대파 15cm 1대
- 청양고추 1개
- 홍고추 1개
- 소금 1꼬집
- 올리브오일 1큰술
- 통깨 1큰술

된장소스
- 된장 2작은술
- 간장 1큰술
- 참치액 1큰술
- 발사믹식초 2큰술
- 비정제원당 1작은술(또는 알룰로스)

전분물
- 감자전분 1큰술
- 물 2큰술

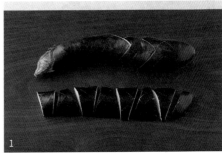

1 가지는 껍질 부분에 벌집 모양으로 칼집을 내고 길게
   2등분한 후 3cm 두께로 어슷썬다.
   양파는 사방 1cm 크기로 썰고, 대파, 청양고추, 홍고추는
   어슷썬다. 두부는 사방 1.5cm 크기로 썬다.

2 넓은 그릇에 된장소스 재료를 섞은 후 가지, 두부를 넣고
   살살 버무린다.
   • 두부가 부서지지 않도록 주의한다.

3 달군 팬에 올리브오일, 양파, 소금을 넣고 중약 불에서
   5분간 볶는다.

4 ②의 가지, 두부를 넣고 소스가 끓어오르면 뚜껑을 덮어
   약한 불에서 5분간 익힌 후 대파, 청양고추, 홍고추를 넣고
   중약 불에서 3~4분간 더 익힌다.
   • 이때 물기가 너무 없으면 물을 조금 넣어 촉촉하게 만든다.

5 전분물을 섞어 1큰술씩 넣으면서 걸쭉한 상태가 되도록
   농도를 맞춘 후 불을 끈다.

6 그릇에 따뜻한 밥을 담고 ⑤를 올린 후 통깨를 갈아서
   올린다.

RADISH
BEETROOT
KOHLRABI

무	**고르기** 모양이 똑바르고 너비가 일정한 것, 잎이 달려 있다면 푸른색인 것을 고릅니다.
	보관하기 흙을 털어내고 신문지나 키친타월로 감싸 냉장 보관해요. 썰지 않으면 몇 주까지도 보관이 가능하지만 칼을 대는 순간 빠르게 시들어요.

비트	**고르기** 성인 주먹 크기의 둥글고 매끄러우며 단단한 것, 흠집이 없는 것을 고릅니다.
	보관하기 수분이 날아가지 않도록 신문지나 키친타월로 감싸 지퍼백에 넣어 냉장 보관하면 2주 정도 보관이 가능해요.

콜라비	**고르기** 선명하고 진한 보라색을 띠며 표면이 매끄럽고 단단한 것, 너무 크지 않은 것을 고르세요. 잎이 시들었거나 뿌리 부분이 갈라져 있는 것은 피합니다.
	보관하기 밀폐용기나 지퍼백에 넣어 냉장고의 채소 칸에 보관하면 신선도를 비교적 오래 유지할 수 있어요.

생명력 가득 뿌리 채소

무
비트
콜라비

초등학교 때 가족과 시골로 여행을 갔다가 땅 위로 빼꼼 얼굴을 내민 연둣빛 채소를 처음 봤어요. 조그마한 손으로 땅에서 무를 뽑아낸 경험은 지금까지 특별한 기억으로 남아있습니다. 그때는 그저 땅에 박힌 무가 신기하다고 생각했는데, 지금 돌이켜보면 그 모습이 정말 '뿌리' 그 자체이더라고요.

뿌리채소는 땅속의 기운을 온전히 품고 자라나요. 흙 속의 영양분을 흡수하고, 남은 영양소는 다시 뿌리에 저장하지요. 이런 채소가 우리 몸에 좋은 영향을 주는 것은 너무나 당연한 이치로 보입니다. 하지만 같은 뿌리채소라도 당근, 고구마와 달리 무, 비트, 콜라비는 자주 구매하지 않는 분들이 많아요. 제가 처음 콜라비를 구입한 이유는 엉뚱하게도 '예뻐서'였어요. 그렇게 고운 빛깔로 유혹하는데 안 살 재간이 있나요. 여러분도 비트나 콜라비가 보이면 고민하지 말고 담아오세요. 예쁘잖아요! 맛있게 요리하는 법은 제가 알려드릴게요.

핑크 무피클

무와 비트로 피클을 만들면 예쁜 핑크빛이 돼요. 고기 요리 같은 느끼한 음식은 물론 매콤한 음식과도 잘 어울립니다. 많이 달지 않아 부담 없이 먹을 수 있어요.

- 무 1/2개
- 비트 1개
- 천연발효 사과식초 1컵

절임물
- 비정제원당 1/2컵
- 물 2컵(400㎖)
- 레몬 슬라이스 2조각
- 마늘 2~3쪽
- 소금 2큰술
- 통후추 1작은술
- 월계수잎 1~2장

1 무, 비트는 필러로 껍질을 벗기고 동그란 모양을
살려 얇게 썬다. 절임물의 마늘은 편 썬다.
- 슬라이서를 사용하면 편리하다.

2 소독한 유리병에 무와 비트를 번갈아 차곡차곡
담는다.

3 냄비에 절임물 재료를 넣고 센 불에서 한소끔
끓인 후 식초를 부어 섞는다.

4 ③의 절임물을 ②의 유리병에 붓고 뚜껑을 닫는다.
실온에 6시간 정도 둔 후 냉장실에 넣어
최소 24시간, 최적의 맛을 위해 2~3일 정도
숙성한 후 먹는다.

TIP 유리병 소독하기

열탕 소독
냄비 안쪽 바닥에 행주를 깔고 유리병을 세워 넣는다.
병 입구가 잠기도록 찬물을 넣고 천천히 가열해
끓어오르면 중간 불에서 5분간 끓인다. 집게로
병을 꺼낸 후 닦지 말고 그대로 깨끗한 면포에 올려
건조한다.

전자레인지 소독
병에 물을 1/4 정도 채우고 전자레인지에 넣어
1~2분간 가열한다. 장갑을 끼고 병을 꺼낸 후 물을
버리고 깨끗한 면포에 올려 건조한다.

동남아풍 무샐러드

태국의 파파야 샐러드인 쏨땀 느낌으로 만들었어요. 입맛 없을 때 아삭하고 시원한 무를 새콤하게 무쳐
냉장고에 넣었다가 먹으면 기분까지 상큼해진답니다.

- 무 1/4개
- 당근 1/2개
- 오이 1개
- 양파 1/4개

양념
- 레몬즙 1큰술
- 천연발효 사과식초 1큰술
- 올리브오일 2큰술
- 비정제원당 1큰술
  (기호에 따라 조절)
- 다진 파슬리 1큰술
  (또는 고수)
- 크러쉬드 레드페퍼 1작은술
- 소금 1작은술
- 통후추 간 것 약간

1 무, 당근은 필러로 껍질을 벗긴 후 0.3cm 두께로 채 썬다.
   • 채칼을 이용하면 편리하다.

2 오이는 길게 2등분한 후 0.3cm 두께로 어슷썰고, 양파는 가늘게 채 썬다.
   • 오이는 크링클커터로 썰면 모양도 좋고 양념도 잘 밴다.

3 볼에 무, 당근, 오이, 양파, 양념을 넣고 가볍게 버무린다.
   냉장실에 1시간 이상 넣었다가 시원하게 먹는다.
   • 먹을 때 땅콩, 아몬드 등 견과류를 부숴서 넣거나 레몬 1~2조각을 곁들여도 좋다.

TIP 더 감칠맛 나게 즐기기
양념에서 비정제원당을 2큰술로 늘리고, 참치액 2큰술, 마늘 1쪽을 다져서 넣는다.

1,2

3

무 양파 라타투이

무의 단맛이 한창 올라오는 계절에 꼭 만들어 먹는 요리예요. 자극적인 맛은 아니지만 달큰한 무와 식감 때문에 자꾸만 손이 가는 묘한 매력이 있답니다. 무는 되도록 기다란 것을 사용해야 예쁘게 담을 수 있어요.

라타투이(Ratatouille)
가지, 토마토, 애호박 등
여러 가지 채소를 뭉근히
끓여 만드는 프랑스의
채소요리.

- 무 1/2개
- 양파 2개
- 레몬 1/4~1/2개(생략 가능)
- 페페론치노 2~3개(또는 건고추 1~2개,
  크러쉬드 레드페퍼 약간)
- 한식 채수 1컵(44쪽, 200㎖, 또는 물)
- 송송 썬 쪽파 약간(또는 다진 파슬리)
- 발사믹글레이즈 1~2큰술

무 양념
- 마늘 1쪽(생략 가능)
- 들기름 3큰술
- 국간장 1큰술
- 참치액 1큰술
- 소금 2작은술

1 무는 필러로 껍질을 벗기고 동그란 모양을 살려
   최대한 얇게 썬다. 무가 크다면 2등분해
   반달 모양으로 썬다.
   • 슬라이서를 사용하면 편리하다.

2 양파는 동그란 모양을 살려 0.8cm 두께로 썬다.
   레몬은 2등분하고, 무 양념의 마늘은 굵게 다진다.

3 볼에 무, 무 양념 재료를 넣고 버무린다.

4 전골냄비나 팬에 무, 양파를 바깥쪽부터 안쪽까지
   켜켜이 둘러 담는다.

5 페페론치노를 부숴서 넣고 채수를 붓는다.
   • 채수 대신 물을 사용할 경우 다시마 1~2조각을
     무 사이에 끼운다.

6 중간 불에서 냄비가 달궈지면 중약 불로 줄여
   뚜껑을 덮고 무에 포크가 푹 들어갈 정도로
   10~15분간 익힌 후 레몬을 넣고 한소끔 끓인다.

7 불을 끄고 송송 썬 쪽파, 발사믹글레이즈를 뿌린다.

TIP 한식적인 맛으로 즐기기
재료의 레몬을 생략하고, 발사믹글레이즈 대신
들기름 1큰술을 넣는다.

바삭 비트칩

비트를 좋아하지 않아도 맛있게 먹을 수 있는 메뉴예요. 열량이 낮아 건강한 간식을 찾는 분들에게 추천합니다.
디핑소스를 찍어 먹으면 더 맛있어요.

- 비트 2개
- 올리브오일 2큰술
- 말린 허브가루 1큰술
  (파슬리, 로즈마리, 타임 등)
- 소금 약간

1 비트는 필러로 껍질을 벗기고 슬라이서를 이용해 0.1~0.2cm 두께로 얇게 썬다.
   • 슬라이서가 없는 경우 칼로 최대한 얇고 균일하게 썰어야 구웠을 때 바삭하고
     골고루 익는다.

2 볼에 비트, 올리브오일, 말린 허브가루, 소금을 뿌려 살살 버무린다.

3 에어프라이어 트레이에 베이킹 페이퍼를 깔고 되도록 겹치지 않도록 비트를
   펼쳐 넣는다.

4 150℃에서 예열한 에어프라이어에서 10분간 구운 후 뒤집어서 5~10분간
   비트가 바삭하고 약간 갈색이 될 때까지 굽는다.
   • 타기 쉬우니 중간중간 상태를 확인한다.

5 식힘망이나 채반에 올려 식힌다.
   • 가지 디핑소스(124쪽), 그릭요거트드레싱(103쪽)을 곁들여도 좋다.

TIP 오븐에 굽기
160~170℃에서 예열한 오븐에서 20~25분간 바삭해질 때까지 굽는다.
타기 쉬우니 중간중간 상태를 확인한다.

1

2

들깨드레싱의 비트 큐브샐러드

비트와 어느 정도 친해졌다면 이 샐러드에 도전해보세요. 비트를 큼직하게 큐브 모양으로 썰어 비트의 식감을
잘 느낄 수 있습니다. 들기름과 들깨로 만든 고소한 드레싱과 아주 잘 어울려요.

- 비트 1개
- 어린잎채소 1줌
  (또는 다른 샐러드채소)
- 소금 2꼬집

들깨드레싱
- 통들깨 1큰술
- 들깻가루 1큰술
- 들기름 1큰술
- 올리브오일 1큰술
- 천연발효 사과식초 1큰술
- 꿀 1작은술(또는 메이플시럽)
- 다진 마늘 1/2큰술
- 소금 약간
- 통후추 간 것 약간

1 비트는 껍질째 4등분한다. 찜기에 비트, 소금을 넣고 냄비의 물이 끓어오르면
   찜기를 올려 중강 불에서 10분, 중약 불로 줄여 20분간 포크로 찔렀을 때
   부드럽게 들어갈 때까지 찐다.

2 비트의 껍질을 벗기고 사방 1.3cm 크기로 썬다.
   • 비트를 쪄서 썰면 더 잘 썰린다.

3 들깨드레싱 재료를 섞은 후 비트와 버무린다.

4 그릇에 비트를 깔고 어린잎채소를 올린다.

1

3

크리미 콜라비수프

콜라비는 껍질을 벗기면 무와 비슷한 듯하지만, 무보다 부드럽고 달콤한 맛이 좋아요. 겨울에 제철 맞아 달콤한 콜라비로
따뜻한 수프를 끓이면 이만한 겨울 별미가 없답니다. 비트를 조금 더하면 색이 훨씬 예뻐요.

- 콜라비 1개
- 감자 1개
- 양파 1개
- 마늘 2쪽
- 비트 약간(생략 가능)
- 올리브오일 2큰술
- 수프용 채수 2컵
  (44쪽, 400㎖, 또는 물)
- 소금 약간
- 크러쉬드 레드페퍼 약간
  (생략 가능)
- 다진 파슬리 약간

1 콜라비는 깨끗이 씻어 껍질째 한입 크기로 썰고, 감자는 껍질을 벗기고
한입 크기로 썬다. 양파는 가늘게 채 썰고, 마늘은 굵게 다진다.

2 냄비에 올리브오일, 양파, 마늘을 넣고 중간 불에서 달궈지면 중약 불로 줄여
5분간 볶는다.

3 콜라비, 감자, 비트, 채수, 소금을 넣고 섞는다. 뚜껑을 덮고 끓어오르면
중약 불에서 약 20분간 재료가 부드러워질 때까지 끓인 후 불을 끈다.

4 한 김 식힌 후 믹서에 넣어 곱게 간다.

5 그릇에 담고 크러쉬드 레드페퍼, 다진 파슬리를 뿌린다.

MUSHROOM

고르기 표면이 매끄러우며 색이 선명한 것, 향이 진한 것이 신선해요.

보관하기 버섯은 되도록 빨리 소비하는 것이 좋아요. 습기에 취약하므로 키친타월로 감싸 보관하면 조금 더 오래 보관할 수 있습니다.

각양각색 골라먹는 재미
버섯

마트에 가서 식재료 구경하는 걸 좋아해요. 그중 가장 흥미로운 건 버섯코너예요. 잘 아는 표고버섯, 팽이버섯, 새송이버섯 말고도 참타리버섯, 맛타리버섯, 만가닥버섯, 백만송이버섯, 머쉬마루버섯, 노루궁뎅이버섯… 어찌나 다양하고 이름도 재밌는지 몰라요. 새로운 식재료를 둘러보며 새로운 요리 아이디어를 떠올리는 것이 저에겐 작은 행복이랍니다.

버섯은 요리하기도 참 편해요. 오일만 살짝 둘러 구워도 맛있고, 볶음요리, 국물요리, 찜요리, 한식, 양식 가리지 않고 툭툭 넣을 수 있지요. 버섯의 향이 진해지는 계절엔 전골, 솥밥 같은 요리도 빼놓을 수 없고요. 버섯은 호불호가 적고 가정에서 비교적 다양하게 활용되기 때문에 버섯요리를 많이 소개하진 않았어요. 대신 버섯의 새로운 맛을 느끼고, 다양하게 활용할 수 있는 메뉴를 엄선해서 담았으니 맛있게 즐기시길 바랍니다.

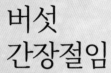

버섯
간장절임

구운 버섯도 맛있지만, 찐 버섯의
수분 가득 촉촉한 식감은 정말
매력적이에요. 간장 버섯절임은
반찬으로 먹어도 맛있고 여기저기
곁들이기도 좋아서 만들어두면
금방 동이 난답니다.

버섯 간장절임 활용하기
반찬으로 먹거나 솥밥,
두부구이, 생선구이에
곁들이는 양념장으로
활용한다. 구운 두부에
버섯 간장절임과 간
무, 고추냉이를 올리면
색다른 요리가 된다.

- 새송이버섯 3~4개
- 표고버섯 10개
- 느타리버섯 4줌
- 팽이버섯 1봉(200g)
- 건고추 1개(생략 가능)
- 천연발효 사과식초 1/4컵

절임물
- 마늘 2쪽
- 생강 약간(또는 생강가루)
- 간장 1/2컵
- 고추냉이 1큰술
- 다시마물 1컵(153쪽,
  또는 44쪽 간단 채수, 200㎖)
- 비정제원당 2큰술

1 버섯은 먹기 좋은 크기로 썬다.

2 냄비에 절임물 재료를 넣고 중강 불에서 끓어오르면
   1분간 끓인 후 불을 끈다. 식초를 부어 완전히 식힌다.
   • 절임물을 완전히 식혀서 넣어야 버섯이 무르지 않는다.

3 찜기에 버섯을 넣고 냄비의 물이 끓어오르면
   찜기를 올려 중강 불에서 너무 물러지지 않도록
   3~5분간 찐다.

4 밀폐용기에 버섯을 넣고 절임물, 건고추를 넣는다.
   냉장실에 넣어 최소 2시간, 최적의 맛을 위해 하루 정도
   숙성한 후 먹는다.
   • 먹을 때 그릇에 담고 참기름, 통깨를 뿌리면 더 맛있다.

요거트 들깨드레싱의 버섯샐러드

버섯을 찌는 조리법은 간단하면서도 버섯 고유의 풍미와 영양을 보존하는데 효과적이에요. 버섯과 궁합 좋은 들깻가루는 고소하지만 자칫 텁텁할 수 있기 때문에 그릭요거트로 상큼함을 더했습니다.

(2~3인분) (20~25분)

- 모둠 버섯 5줌(양송이버섯, 새송이버섯, 표고버섯 등)
- 적양파 1/3개(또는 양파)
- 샐러드채소 2줌(루꼴라, 로메인, 상추 등)

요거트 들깨드레싱
- 들깻가루 1큰술
- 그릭요거트 2큰술
- 레몬즙 1큰술
- 올리브오일 2큰술
- 다진 마늘 1작은술
- 꿀 1작은술(또는 올리고당, 알룰로스)
- 소금 약간
- 통후추 간 것 약간

1 버섯은 0.3~0.5cm 두께로 썰고, 적양파는 0.2~0.3cm 두께로 썬다.

2 찜기에 버섯을 넣고 냄비의 물이 끓어오르면 찜기를 올려 중간 불에서 3~4분간 버섯이 투명해질 때까지 찐 후 채반에 옮겨 한 김 식힌다.
  - 기호에 따라 버섯을 찜기에서 꺼내기 전 주걱으로 살짝 눌러 물기를 빼도 좋다.

3 요거트 들깨드레싱 재료를 섞은 후 버섯과 버무린다.

4 그릇에 샐러드채소를 깔고 ③의 버섯, 적양파를 올린다.

TIP 볶아서 만들기
달군 팬에 올리브오일, 얇게 썬 버섯을 넣고 약간 갈색이 될 때까지 볶은 후 한 김 식혀 드레싱과 섞는다.

양배추 양송이버섯구이

양송이버섯과 방울양배추를 이용해 짧은 시간 안에 만들 수 있으면서도 깊은 맛을 내는 요리예요.
겉은 바삭하고 속은 부드러워 먹는 재미가 있답니다.

- 양송이버섯 7개
- 방울양배추 7개
- 올리브오일 1큰술
- 발사믹글레이즈 1큰술
- 통후추 간 것 약간
- 그라나파다노치즈 약간
  (생략 가능)
- 다진 파슬리 약간(생략 가능)

양념
- 마늘 3쪽
- 올리브오일 3큰술
- 소금 1작은술

1 양송이버섯은 4등분하고, 방울양배추는 2등분한다. 양념 재료의 마늘은
   굵게 다진다.

2 볼에 양송이버섯, 방울양배추, 양념 재료를 넣고 잘 섞는다.

3 팬에 올리브오일을 두르고 중강 불에서 달궈지면 중간 불로 줄여 양송이버섯,
   방울양배추를 넣어 고르게 펼친다.
   • 방울양배추의 자른 면이 팬에 닿도록 넣는다. 기름이 부족하면 더한다.

4 중간 불에서 앞뒤로 각각 5~7분간 노릇하게 굽는다.
   • 자주 뒤집으면 수분이 빠져나오기 때문에 재료의 한쪽 면이 갈색이 될 때까지
     충분히 구운 후 뒤집는다.

5 불을 끄고 발사믹글레이즈, 통후추 간 것을 뿌린 후 섞어 그릇에 담는다.
   그라나파다노치즈를 갈아서 뿌리고 다진 파슬리를 올린다.

2

4

무 버섯솥밥

무와 버섯으로 가을의 영양을 가득 담은 보양식을 만들었어요.
버섯의 향긋함이 밥에 고스란히 배어들어 다른 반찬 없이도 한 그릇 맛있게 먹을 수 있어요.

- 쌀 1컵
- 무 4cm 1토막
- 양송이버섯 3개
- 표고버섯 2개
- 느타리버섯 1줌
- 들기름 1/2큰술
- 올리브오일 1/2큰술
- 국간장 1/2큰술
- 송송 썬 쪽파 3~4큰술(또는 부추)

다시마물(또는 44쪽 간단 채수, 한식 채수)
- 건다시마 1장(손바닥 크기)
- 건표고버섯 1개
- 물 2컵(400㎖)

양념장
- 들깻가루 1큰술
- 들기름 1큰술
- 간장 1큰술
- 천연발효 사과식초 1큰술
- 매실액 1큰술
- 송송 썬 쪽파 1큰술(또는 부추)

1 볼에 다시마물 재료를 넣고 1시간 둔다.

2 쌀은 씻은 후 체에 밭쳐 30분 이상 마른 불림을 한다.

3 무는 0.3cm 두께의 반달 모양으로 썰고,
   버섯은 먹기 좋은 크기로 썬다.

4 팬에 버섯, 들기름, 올리브오일, 국간장을 넣고
   중강 불에서 팬이 달궈지면 2분간 볶는다.
   중간 불로 줄여 3분간 더 볶은 후 불을 끈다.

5 솥에 쌀, 다시마물(1컵)을 넣고 무를 올린다.
   뚜껑을 덮고 중강 불에서 3~5분간 끓인 후
   중약 불로 줄여 10~15분간 익힌다.
   • 솥의 크기나 두께에 따라 익히는 시간이 달라질 수
     있으니 뚜껑을 열어 중간에 확인한다.

6 볶은 버섯, 송송 썬 쪽파를 넣고 약한 불에서 5분간
   뜸을 들인다. 양념장을 섞어 곁들인다.

PART 2

항염 채소들을 다채롭게 조화시킨 레시피

일상에서 자주 사용하는 채소의 매력을 이제 충분히 알게 되었나요? 이번 파트에서는 한 단계 더 나아가 다양한 채소를 조합해 만드는 요리를 소개합니다. 앞서 채소의 진면 목을 발견하는 데 초점을 뒀다면, 이번에는 다양한 채소가 내는 건강한 케미스트리를 느껴보세요. 채소요리의 근본인 **샐러드**부터 체온을 올려주는 **수프**, 든든하게 먹는 **한 그릇 식사**, 자투리 채소 활용에 좋은 **스무디**까지 모두 만나볼 수 있습니다.

SALAD

건강한 식습관의 시작
샐러드

건강한 샐러드 만들기의 첫 번째는 신선하고 품질 좋은 재료를 다양하게 사용하는 거예요. 제철에 나오는 신선한 채소와 과일은 영양소가 풍부하고 맛이 좋습니다.

또한 색색의 채소를 사용해야 다양한 영양소를 균형 있게 섭취할 수 있습니다. 되도록 녹색(양상추, 로메인 등), 주황색(당근, 고구마, 단호박 등), 보라색(비트, 적양파, 적양배추 등)을 골고루 포함시키세요.

두 번째로 강조하고 싶은 것은 '균형'이에요. 샐러드라고 배불리 많은 양을 먹는 것보다 적절한 양을 섭취하는 것이 중요합니다. 대신 접시에 절반 이상은 채소로, 나머지는 건강한 단백질과 지방으로 채웁니다. 닭가슴살, 달걀, 두부, 콩으로 단백질을 더하고, 아보카도나 견과류, 올리브오일, 들기름으로 건강한 지방을 채울 수 있습니다.

하지만 매번 이렇게 한 그릇에 다양한 재료를 담기는 참 번거로운 일이에요. 그래서 이번 샐러드는 되도록 밀프렙(meal prep)이 가능한 것으로 골랐습니다.

한 번에 넉넉히 조리해두고 한 통씩 꺼내 편하게 드세요.

밀프렙

지중해 보틀샐러드 + 레몬 오일드레싱

신선한 오이와 방울토마토가 한창 나오는 여름에 꼭 만들어 먹는 샐러드예요. 재료를 썰어 담기만 하면 돼서 간단하답니다.
한 번 먹을 분량씩 병에 담아두고 하나씩 꺼내 드세요.

밀프렙 | 2~3회분 | 20~25분 | 냉장 4~5일

- 어린잎채소 2~3줌
- 오이 1개
- 파프리카 1개
- 방울토마토 10개
- 적양파 1/2개(또는 양파)
- 삶은 병아리콩 1컵(45쪽, 또는 강낭콩, 옥수수)

레몬 오일드레싱
- 올리브오일 3큰술
- 레몬즙 2큰술
- 천연발효 사과식초 1큰술
- 소금 약간
- 통후추 간 것 약간
- 홀그레인 머스터드 1작은술(생략 가능)

1

3

1 오이, 파프리카, 방울토마토는 사방 0.8~1cm 크기로
  썬다. 적양파는 0.2cm 두께로 채 썬다.

2 볼에 레몬 오일드레싱 재료를 넣고 섞는다.

3 유리병에 드레싱 → 오이 → 파프리카 → 적양파 →
  방울토마토 → 삶은 병아리콩 → 어린잎채소 순서로
  1회 분량씩 나눠 넣고 냉장 보관한다.
  • 딱딱한 재료가 아래로, 잎채소가 위로 가도록
    넣어야 재료가 무르지 않는다.

4 드레싱의 오일이 녹을 수 있도록 먹기 전에 미리
  꺼내놓고, 그릇에 병을 뒤집어 샐러드를 담는다.

밀프렙

퀴노아 콥샐러드 + 발사믹 오일드레싱

글루텐이 없고 필수 아미노산이 풍부한 퀴노아는 샐러드에 더하면 부드럽고 고소한 맛으로
입을 즐겁게 해줍니다. 샐러드 재료를 작게 썰면 퀴노아와 함께 숟가락으로 떠먹기 편해요.

- 삶은 퀴노아 1컵(45쪽)
- 파프리카 2개
- 애호박 2개
- 가지 3개
- 방울토마토 15~20개
- 적양파 1개(또는 양파)
- 올리브오일 약간
- 소금 약간

발사믹 오일드레싱
- 올리브오일 6큰술
- 홀그레인 머스터드 1큰술
- 발사믹식초 2큰술
- 다진 마늘 1쪽
- 소금 약간
- 통후추 간 것 약간

1 파프리카, 애호박, 가지, 방울토마토, 적양파는 사방 1cm 크기로 썬다.

2 볼에 가지, 소금(1작은술)을 넣고 섞어 20분간 절인 후 손으로 물기를 대강 짠다.

3 팬에 올리브오일(2큰술)을 두르고 중간 불에서 달궈지면 파프리카, 애호박을 넣어 1분간 볶은 후 뚜껑을 덮고 중약 불에서 4분간 익힌다. 불을 끄고 소금(약간)을 뿌린 후 덜어둔다.

4 팬에 올리브오일(1큰술)을 두르고 가지를 넣어 중간 불에서 1~2분간 볶은 후 덜어둔다.

5 삶은 퀴노아, 채소를 밀폐용기에 1회 분량씩 나눠 담는다. 작은 밀폐용기에 발사믹 오일드레싱 재료를 넣고 섞는다.
  • 재료와 드레싱을 섞어서 밀프렙한다면 3일 안에 먹는다.

6 밀폐용기 한 통을 꺼내 드레싱을 넣어 먹는다.

밀프렙

병아리콩 단호박
감자샐러드 +머스터드드레싱

단호박과 감자, 병아리콩까지 들어있어 든든하게 먹을 수 있어요.
찌는 재료는 미리 밀프렙해두고, 먹을 때 신선한 토마토와 양파를 곁들이면
완벽한 밸런스의 샐러드가 완성됩니다.

- 불린 병아리콩 1컵
  (또는 삶은 병아리콩, 45쪽)
- 단호박 1개(또는 미니단호박 2개)
- 감자 2개

감자 양념
- 올리브오일 2큰술
- 소금 2꼬집
- 통후추 간 것 약간

병아리콩 양념
- 올리브오일 1큰술
- 훈제 파프리카가루 1/3작은술
- 소금 약간
- 통후추 간 것 약간

머스터드드레싱
- 잘게 썬 양파 2큰술
- 천연발효 사과식초 2큰술
- 올리브오일 2큰술
- 올리고당 1큰술(생략 가능)
- 머스터드 1큰술
  (또는 홀그레인 머스터드)
- 홀그레인 머스터드 1큰술
- 소금 약간
- 통후추 간 것 약간

완성 재료(1회분)
- 토마토 1개
- 적양파 1/4개

밀프렙하기

1 감자는 껍질에 십(+)자 모양으로 칼집을 낸다.
   - 칼집을 내면 껍질을 벗기기 편하다.

2 찜기에 불린 병아리콩, 단호박, 감자를 넣는다. 냄비의 물이 끓어오르면
   찜기를 올려 중강 불에서 15~20분간 찐 후 단호박, 감자를 꺼낸다.
   병아리콩은 10분 더 찐다.
   - 단호박, 감자는 젓가락으로 찔렀을 때 부드럽게 들어가면
     잘 익은 것이다. 채소 크기에 따라 익히는 시간을 조절한다.

3 단호박은 2등분한 후 씨를 제거하고 사방 2cm 크기로 썬다.
   감자는 껍질을 벗기고 단호박과 같은 크기로 썰어 감자 양념과 섞는다.
   병아리콩은 병아리콩 양념과 섞는다.

4 밀폐용기에 1회 분량씩 재료를 나눠 담는다.
   작은 밀폐용기에 머스터드드레싱 재료를 넣고 섞는다.

완성하기

5 토마토, 적양파는 둥근 모양으로 얇게 썰어 그릇에 담고
   드레싱(1큰술)을 뿌린다.

6 밀프렙 재료를 올리고 드레싱을 뿌린다.

TIP 밀프렙 재료로 수프 만들기
믹서에 밀프렙 재료를 넣고 곱게 간다. 냄비에 넣어 따뜻하게 데운 후
그릇에 담고 견과류, 검은깨를 뿌린다.

2

5

밀프렙

양배추 달걀샐러드 ^{+ 두부드레싱}

으깬 두부로 만든 드레싱이 포인트예요. 여기에 달걀까지 더해
식물성, 동물성 단백질을 모두 섭취할 수 있습니다. 운동 후에 먹어도 좋아요.

(밀프렙) (2~3회분) (40~45분) (냉장 4~5일)

- 양배추 1/5통
- 적양배추 1/5통
- 당근 1개
- 달걀 4개

두부드레싱
- 두부 2/3모(200g)
- 다진 양파 1/4개분
- 레몬즙 1큰술~1과 1/2큰술
- 천연발효 사과식초 1/2큰술
- 올리브오일 2~3큰술
- 소금 1/3작은술

완성 재료
- 통후추 간 것 약간
- 다진 파슬리 약간(생략 가능)

밀프렙하기

1 두부는 전자레인지에 넣고 1분 30초간 돌린 후 칼 옆면으로 으깬다.

2 볼에 두부드레싱 재료를 넣고 섞은 후 작은 밀폐용기에 담는다.
   • 두부드레싱은 3일 이내에 먹는다.

3 양배추, 적양배추, 당근은 적당한 크기로 썬다.

4 찜기에 ③의 채소, 달걀을 넣고 냄비의 물이 끓어오르면 찜기를 올려
   중강 불에서 아삭한 식감을 원하면 6~7분, 부드러운 식감을 원하면 8~9분간 찐 후
   양배추, 적양배추, 당근을 꺼낸다. 달걀은 3~4분간 더 찐다.

5 당근은 사방 1.5cm 크기로 썰고, 양배추, 적양배추는 사방 2cm 크기로 썬다.
   달걀은 껍데기를 벗긴다.

6 밀폐용기에 1회 분량씩 재료를 나눠 담는다.

완성하기

7 볼에 두부드레싱, 밀프렙 재료, 통후추 간 것을 넣고 달걀을 손으로 대강
   부수면서 섞는다. 그릇에 담고 통후추 간 것, 다진 파슬리를 뿌린다.
   • 달걀 일부는 한입 크기로 썰어 올려도 좋다.

2

4

밀프렙

비트 브로콜리 당근샐러드

비트와 당근, 두 뿌리채소를 주인공으로 만든 샐러드예요. 찌는 재료를 미리 준비해뒀다가 먹을 때 생채소나 과일을
곁들이면 영양적으로도, 맛적으로도 더할 나위 없이 좋답니다.

(밀프렙) (2~3회분) (40~45분) (냉장 4~5일)

- 비트 1개
- 당근 2개
- 브로콜리 1개

비트 양념
- 들기름 1큰술
- 올리브오일 1큰술
- 천연발효 사과식초 1큰술
- 들깻가루 1큰술
- 통들깨 1큰술
- 꿀 1작은술
- 다진 1/2큰술
- 소금 약간
- 통후추 간 것 약간

당근 양념
- 들기름 1큰술
- 소금 2꼬집
- 들깻가루 1큰술
- 홀그레인 머스터드 1작은술
- 통후추 간 것 약간

브로콜리 양념
- 들기름 1큰술
- 소금 1꼬집
- 통후추 간 것 약간

완성 재료(1회분)
- 샐러드채소 2줌
- 사과 1/2개
- 찐 달걀 1~2개(45쪽)
- 올리브오일 약간
- 통후추 간 것 약간

밀프렙하기

1 비트는 필러로 껍질을 벗긴 후 사방 1cm 크기로 썰고, 당근은 길게 2등분한 후
어슷썬다. 브로콜리는 한입 크기로 썬다.

2 찜기에 비트, 당근, 브로콜리를 넣고 냄비의 물이 끓어오르면 찜기를 올린다.
중간 불에서 3분간 찐 후 브로콜리 꺼내고, 5분 후에 당근을 꺼낸다.
비트는 20분간 더 찐다.

3 비트, 당근, 브로콜리를 각각 양념한 후 밀폐용기에 1회 분량씩 나눠 담는다.

완성하기

4 사과, 찐 달걀을 먹기 좋은 크기로 썬다.

5 그릇에 샐러드채소를 깔고 밀프렙 재료, 사과, 찐 달걀을 올린다.
올리브오일과 통후추 간 것을 뿌린다.

버섯 채소찜 샐러드

버섯을 먹으면 양질의 단백질을 얻을 수 있을 뿐 아니라 지방 분해에도 도움을 준다고 해요.
버섯을 종류별로 넣은 이 샐러드는 버섯마다 다른 양념을 해서 각각의 매력을 느낄 수 있어요.

밀프렙 | 2~3회분 | 35분 | 냉장 4~5일

- 표고버섯 10개
- 느타리버섯 3줌
- 새송이버섯 4~5개
- 브로콜리 2개
- 당근 2개

표고버섯 양념
- 올리브오일 1큰술
- 간장 1/2큰술
- 생강가루 1/2작은술
- 소금 2꼬집

느타리버섯 양념
- 참기름 1/2큰술
- 참치액 1/2작은술
- 소금 1꼬집

완성 재료(1회분)
- 올리브오일 1~2큰술
- 소금 1/4~1/3작은술
- 통후추 간 것 약간

밀프렙하기

1 표고버섯은 기둥을 제거하고 0.5cm 두께로 썰고, 느타리버섯은 밑동을 제거하고
가닥가닥 뜯는다. 새송이버섯은 2등분한 후 손가락 굵기로 썬다.

2 브로콜리는 작은 송이로 썰고, 당근은 필러나 양배추 채칼로 얇게 썬다.

3 표고버섯, 느타리버섯을 각각 양념한다.

4 찜기에 모든 재료를 넣고 냄비의 물이 끓어오르면 찜기를 올린다.
중간 불에서 3분간 찐 후 브로콜리와 당근을 꺼낸다. 버섯은 2분간 더 찐다.
- 재료를 찌고 남은 물에는 버섯과 채소의 맛있는 성분이 녹아 있으므로
달걀국 등 간단한 국의 밑국물로 활용할 수 있다.

5 밀폐용기에 1회 분량씩 재료를 나눠 담는다.

완성하기

6 밀폐용기 한 통을 꺼내 올리브오일, 소금, 통후추 간 것을 뿌려 먹는다.
- 따뜻하게 먹고 싶으면 전자레인지나 팬에 넣고 데운다.

TIP 밀프렙 재료 활용하기
따뜻한 밥에 밀프렙 재료와 달걀프라이, 토마토 고추장(89쪽)을 넣어 비빔밥으로 먹거나
불린 당면과 밀프렙 재료, 간장, 참기름을 넣고 섞어 잡채로 만들 수 있다.

3

4

팬 채소찜 샐러드 ^{+ 된장드레싱}

찜기 없이 팬으로 만드는 채소찜은 어떨까 생각하다가 만들게 됐어요. 꽈리고추, 대파, 애호박, 두부 등의 재료에
된장으로 만든 드레싱을 곁들여 한식 느낌이 물씬 난답니다.

밀프렙

- 애호박 1개
- 당근 1개
- 대파 흰 부분 15cm 2~3대
- 새송이버섯 1~2개
- 표고버섯 2~3개
- 꽈리고추 2줌
- 두부 1모(300g)
- 소금 약간
- 올리브오일 약간

꽈리고추 양념
- 찹쌀가루 2/3큰술
- 볶은 콩가루 1큰술
- 소금 약간

된장드레싱
- 된장 1작은술
- 통깨 1작은술
- 잘게 썬 양파 2큰술
- 레몬즙 2큰술
- 참기름 1큰술
- 올리브오일 1큰술
- 꿀 1큰술(또는 비정제원당)
- 통후추 간 것 약간

1 애호박은 0.8cm 두께로 썰고, 당근은 0.7cm 두께로 썬다.
대파는 5cm 길이로 썬다.

2 새송이버섯은 0.8cm 두께로 썬 후 한쪽 면에 벌집 모양으로 칼집을 낸다.
표고버섯은 기둥을 제거한 후 1cm 두께로 썰고, 두부는 1.5×5cm 크기로 썬다.

3 꽈리고추는 물기가 있는 상태에서 꽈리고추 양념을 넣고 섞는다.

4 바닥이 두꺼운 팬에 두부를 제외한 재료를 넣고 소금, 올리브오일을 뿌린다.
뚜껑을 덮고 중간 불에서 팬이 달궈지면 중약 불에서 5분, 한번 뒤집은 후
다시 뚜껑을 덮고 5분간 익혀 덜어둔다.

5 달군 팬에 올리브오일, 두부를 넣고 중간 불에서 8~10분간 뒤집어가며
노릇하게 굽는다.

6 밀폐용기에 1회 분량씩 나눠 담는다. 작은 밀폐용기에 된장드레싱 재료를
넣고 섞는다.

7 용기 한 통을 꺼내 된장드레싱을 뿌려 먹는다.
　• 따뜻하게 먹고 싶으면 전자레인지나 팬에 넣고 데운다.

1,2

3

색색의 찐 채소샐러드 + 비트딥

채소가 가진 몸에 좋은 파이토케미컬을 종류별로 섭취할 수 있어요. 채소를 찍어 먹는 딥에도 비트를 사용했답니다.
어떤 채소로도 만들 수 있으니 다양한 색으로 만들어보세요.

밀프렙

- 미니단호박 2개
- 애호박 2개
- 가지 3개
- 감자 2개
- 당근 2개
- 새송이버섯 3개
- 소금 약간

가지 양념
- 들기름 1큰술
- 통들깨 1작은술
- 소금 약간

감자 양념
- 올리브오일 1큰술
- 강황가루 1작은술
- 마늘가루 1작은술
- 소금 1/2작은술

비트딥
- 비트 1개
- 두부 1/4모(약 80g)
- 마늘 1쪽
- 레몬즙 2큰술
- 소금 1/4작은술
- 무가당 두유 3/4컵(150㎖)
- 올리브오일 5큰술

1 애호박, 가지, 감자, 당근, 새송이버섯은 한입 크기로 썬다.

2 가지는 소금을 뿌려 20분간 절인 후 물기를 살짝 짠다.

3 찜기에 미니단호박, 비트를 넣고 냄비의 물이 끓어오르면 찜기를 올린다.
   중간 불에서 10분간 찐 후 미니단호박을 꺼내고, 비트는 8~10분간 더 찐 후
   꺼낸다.

4 찜기에 애호박, 가지, 감자, 당근, 새송이버섯을 넣고 냄비의 물이 끓어오르면
   중간 불에서 8~10분간 찐다.
   • 재료의 크기에 따라 찌는 시간을 조절한다.
   재료를 찌고 남은 물에는 채소의 맛있는 성분이 녹아 있으므로
   달걀국 등 간단한 국의 밑국물로 활용할 수 있다.

5 가지, 감자는 각각 양념하고, 미니단호박은 먹기 좋은 크기로 썬다.

6 밀폐용기에 1회 분량씩 재료를 나눠 담는다.

7 푸드프로세서에 올리브오일을 제외한 비트딥 재료를 넣고 곱게 간다.
   올리브오일을 넣어 섞은 후 작은 밀폐용기에 담는다.
   • 비트딥이 너무 되직하다면 두유를 더 넣는다.

8 밀폐용기 한 통을 꺼내 재료를 비트딥에 찍어 먹는다.

연근 채소찜 + 시금치 두부크림

뿌리채소인 연근은 혈액과 장 건강에 좋을 뿐 아니라 쪄서 먹으면 아삭한 식감이 매력적이에요.
채소찜에 두부 한 모가 통으로 들어간 시금치 두부크림을 곁들이면 "아~ 배부르다" 소리가 절로 나온답니다.

- 연근 6cm
- 당근 1/2개
- 애호박 1/2개
- 파프리카 1/2개
- 표고버섯 2개
- 새송이버섯 1개
- 소금 약간
- 통후추 간 것 약간
- 올리브오일 약간

시금치 두부크림
- 시금치 1줌
- 두부 큰 것 1모(350g)
- 올리브오일 2~3큰술
- 레몬즙 2큰술
- 소금 2꼬집

1 시금치, 두부는 각각 전자레인지에 1분 30초간 돌린다. 시금치는 물기를 짜고, 두부에서 나온 물은 버린다.

2 푸드프로세서에 시금치 두부크림 재료를 넣고 간다.
　• 시금치를 빼고 두부크림으로 만들어도 좋다.

3 연근, 당근은 필러로 껍질을 벗긴 후 0.4cm 두께로 썰고, 애호박은 0.5~0.6cm 두께로 썬다.

4 파프리카는 1.5cm 두께로 썰고, 표고버섯은 0.5cm 두께로 썬다. 새송이버섯은 2등분한 후 0.5cm 두께로 썬다.

5 찜기에 모든 채소를 넣고 소금을 뿌린다. 냄비의 물이 끓어오르면 찜기를 올려 중간 불에서 6~7분간 찐다.
　• 기호에 따라 찌는 시간을 조절한다.

6 그릇에 채소를 담고 통후추 간 것, 올리브오일을 뿌린 후 ②의 시금치 두부크림을 찍어 먹는다.

2

5

SOUP

몸을 보호하는 건강 한 그릇
수프

수프를 만들 때는 우선 냉장고에 있는 재료를 살펴보세요. 그다음 어떤 재료로 구성할지, 추가할 재료가 있는지 결정해요. 이때 냉동 채소나 채소 믹스, 미리 썰어둔 재료를 사용하면 준비 과정을 단축할 수 있답니다.

국물에 채수를 사용하면 풍부한 맛을 쉽게 낼 수 있어요. 여유 있는 시간에 기본 자투리 채소로 채수를 만들어 보관하세요. 수프용 채수를 만드는 방법은 44쪽에서 확인할 수 있습니다. 또 한 가지 맛을 내는 비법은 많은 양념 대신 신선한 허브와 향신료를 사용하는 거예요. 이런 재료를 쓰면 훨씬 복합적인 맛과 풍미를 낼 수 있습니다.

수프에는 필요에 따라 고기나 해산물, 버섯 등 다양한 단백질 재료를 더해도 좋아요. 특히 콩류는 식물성 단백질과 식이섬유를 풍부하게 제공합니다.

레시피대로 만드는 것도 좋지만, 중간중간 맛을 보고 필요에 따라 재료를 추가하며 자신만의 맛을 찾아보세요. 이 과정에서의 발견과 배움을 통해 점점 더 맛있는 나만의 수프를 만들 수 있을 거예요.

쿡언니네 해독수프

계절이 바뀔 때마다 꼭 만들어 먹는 수프예요.
일주일만 먹어도 몸이 가벼워지고 눈이 밝아지면서
피부가 반들반들해진답니다. 큰 냄비에 한 번에 넉넉하게
만들어두고 데워 먹으면 한 끼 식사로 좋아요.

- 대저토마토 12~15개(또는 완숙토마토)
- 양송이버섯 25개
- 양파 3개
- 감자 2개
- 당근 1개
- 셀러리 줄기 15cm 2~3대
- 마늘 15쪽
- 대파 흰 부분 15cm 2~3대
- 소금 약간
- 올리브오일 2큰술
- 따뜻한 수프용 채수 2와 1/2컵
  (44쪽, 500㎖, 또는 물)
- 월계수잎 1~2장
- 통후추 간 것 약간
- 그라나파다노치즈 약간(생략 가능)

1 토마토, 양송이버섯은 4등분하고,
양파는 가늘게 채 썬다. 감자, 당근, 셀러리는
사방 1.3cm 크기로 썬다. 마늘은 굵게 다지고,
대파는 5cm 길이로 썬다.

2 두꺼운 냄비에 양파, 마늘, 소금(1/4작은술),
올리브오일, 따뜻한 채수(1/2컵)를 넣고
중강 불에서 냄비가 달궈지면 2분간 볶은 후
뚜껑을 덮고 중약 불로 줄여 20분간 끓인다.

3 토마토, 양송이버섯, 감자, 당근, 셀러리를 넣는다.

4 나머지 채수(2컵), 소금(1~2작은술), 대파,
월계수잎을 넣고 끓기 시작하면 뚜껑을 덮어
중간 불에서 15분간 끓인다.

5 중약 불에서 중간중간 뒤적이며 20분간
더 끓인 후 월계수잎을 뺀다.
　• 바닥에 눌어붙지 않게 저어준다.

6 그릇에 담고 통후추 간 것, 그라나파다노치즈를
갈아 뿌린다.

구운 양배추와 파프리카 토마토수프

달콤한 파프리카와 감칠맛이 좋은 토마토는 서로의 맛을 최대한 끌어 올리는 궁합 좋은 재료예요.
여기에 구운 방울양배추를 통으로 올려서 훨씬 든든하게 먹을 수 있습니다.

- 방울양배추 6개
- 토마토 3개
- 빨간 파프리카 2개
- 양파 1개
- 소금 약간
- 올리브오일 약간
- 훈제 파프리카가루 1/2작은술(생략 가능)
- 다진 파슬리 약간(또는 파슬리가루)
- 통후추 간 것 약간

1 방울양배추는 2등분하고, 토마토는 한입 크기로 썬다. 파프리카, 양파는 대강 채 썬다.

2 냄비에 양파, 소금(약간), 올리브오일(약간)을 넣고 중간 불에서 달궈지면 중약 불로 줄여 20분간 볶는다.

3 파프리카, 소금(약간), 올리브오일(약간)을 넣고 중강 불에서 1분간 볶은 후 토마토, 소금(약간), 올리브오일(약간)을 넣고 1분 볶는다.

4 뚜껑을 덮고 중약 불에서 30분간 익힌 후 불을 끄고 통후추 간 것을 뿌려 한 김 식힌다.

5 팬에 방울양배추, 올리브오일(1큰술), 소금(1꼬집), 훈제 파프리카가루를 넣고 섞는다.

6 중강 불에서 팬이 달궈지면 방울양배추의 자른 면이 팬에 닿도록 돌린 후 2분간 노릇하게 굽고 뒤집어 1~2분간 더 굽는다.

7 믹서에 ④의 양파, 파프리카, 토마토를 넣고 간다.
- 너무 되직해서 갈리지 않는다면 물을 약간 더한다.

8 그릇에 담고 구운 방울양배추를 올린다. 다진 파슬리, 통후추 간 것을 넣는다.

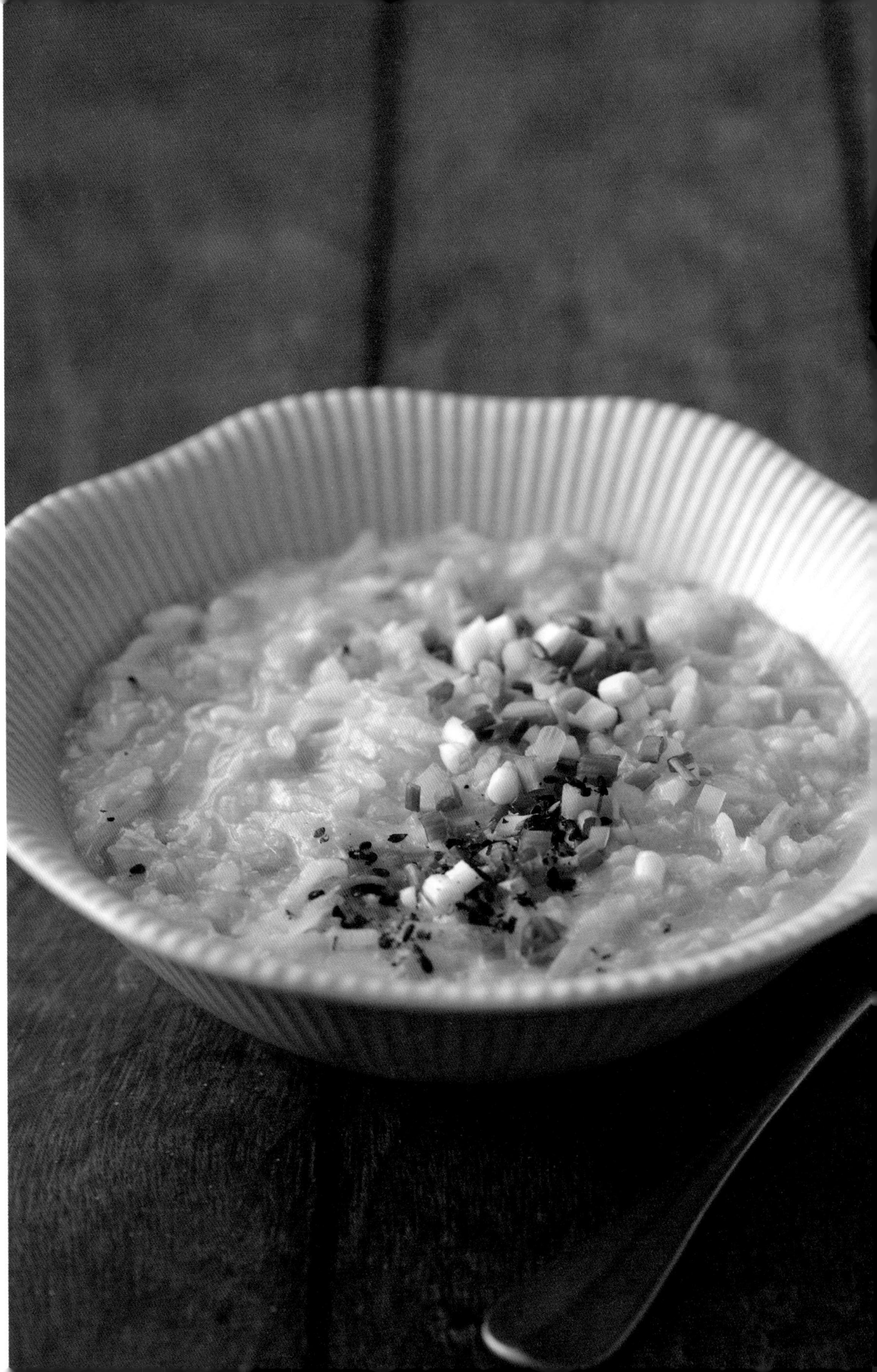

양배추 달걀수프

위와 장이 예민해 소화에 어려움을 겪는 어머니께 만들어 드렸던 수프예요. 위를 보호하는 양배추로 만들어 속이 편하고,
찹쌀을 더해 든든하게 먹을 수 있지요. 부드러워서 아침 식사로도 추천합니다.

1~2인분 25~30분

- 찹쌀 1/2컵(불리기 전)
- 당근 1개
- 양배추 1/4통
- 양파 1개
- 마늘 4쪽
- 달걀 2개
- 올리브오일 1큰술
- 따뜻한 수프용 채수 5컵
  (44쪽, 1ℓ, 또는 물)
- 참치액 1큰술
- 소금 약간
- 송송 썬 쪽파 약간(생략 가능)
- 검은깨 약간(또는 통깨)

1 찹쌀은 씻어서 체에 밭쳐 20분간 마른 불림을 한다.

2 당근은 2~3등분한 후 가늘게 채 썬다. 양배추, 양파는 가늘게 채 썰고,
마늘은 굵게 다진다. 달걀은 볼에 푼다.

3 냄비에 올리브오일, 양파, 마늘을 넣고 중강 불에서 냄비가 달궈지면
중간 불로 줄여 2분간 볶은 후 뚜껑을 덮고 중약 불에서 10분간 익힌다.

4 당근, 양배추, 소금(약간)을 넣고 중간 불에서 1~2분간 재료가 부드러워질 때까지
볶는다. 따뜻한 채수를 넣고 뚜껑을 덮어 끓어오르면 중약 불에서 10분간
뭉근히 끓인다.

5 불린 찹쌀을 넣고 섞은 후 소금(1/2작은술), 참치액을 넣어 중간 불에서
끓기 시작하면 뚜껑을 덮고 약한 불로 줄여 15분간 끓인다.
  • 너무 되직해지면 따뜻한 물을 추가해 농도를 맞춘다.

6 달걀물을 붓고 천천히 저으면서 중약 불에서 2분간 끓인다.

7 그릇에 담고 송송 썬 쪽파, 검은깨를 뿌린다.

4

6

강황 시금치수프

강황의 커큐민 성분은 몸에 쌓인 독소를 배출해 염증을 줄이고 면역력을 높이는 데 도움이 됩니다. 강황은 지용성 비타민인
비타민 E와 함께 섭취할 경우 흡수율이 더 높아지므로, 마지막에 올리브오일을 넣어 더 건강하게 드세요.

(2~3인분) (45~50분)

- 불린 병아리콩 1/2컵
  (또는 삶은 병아리콩, 45쪽)
- 시금치 2줌
- 양파 2개
- 당근 1개
- 표고버섯 2개
- 양배추 2장
- 토마토홀 2개(86쪽, 또는 토마토)
- 월계수잎 2장
- 따뜻한 수프용 채수 2컵
  (44쪽, 400㎖, 또는 물)
- 소금 2꼬집
- 올리브오일 2큰술
- 통후추 간 것 약간

강황물
- 따뜻한 물 1/2컵(100㎖)
- 강황가루 2작은술
- 참치액 1큰술
- 소금 2/3작은술

1 양파는 가늘게 채 썰고, 당근은 길게 2등분한 후 1.5cm 두께로 어슷썬다.
  표고버섯은 기둥을 제거하고 0.5cm 두께로 썰고, 양배추는 한입 크기로 썬다.
  - 시금치는 길이가 길면 2등분한다.

2 냄비에 양파, 소금, 올리브오일을 넣고 불린 병아리콩, 당근, 표고버섯,
  양배추를 넣는다.

3 토마토홀을 손으로 으깨서 냄비에 넣고 월계수잎, 따뜻한 채수를 넣어
  중강 불에서 끓기 시작하면 뚜껑을 덮고 5분, 중간 불로 줄여 10분,
  중약 불로 줄여 10분간 뭉근히 끓인다.
  - 생토마토를 사용할 경우 마지막에 중약 불에서 끓이는 시간을 20분으로 늘린다.

4 강황물 재료를 섞은 후 ③의 냄비에 붓는다. 중강 불에서 끓기 시작하면
  시금치를 넣어 1~2분간 더 끓인다.

5 그릇에 담고 통후추 간 것을 뿌린다.

3

4

병아리콩 당근수프

당근수프를 한번 먹어보면 달큰한 그 맛에 푹 빠질 거예요. 병아리콩은 식물성 단백질이 풍부해 포만감을 오래 지속하고 과식을 방지해줍니다. 넛맥은 생략해도 되지만 풍부한 향을 위해 넣길 추천해요.

- 당근 3개
- 양파 1개
- 마늘 3쪽
- 다진 생강 1작은술(생략 가능)
- 삶은 병아리콩 1컵(45쪽)
- 따뜻한 수프용 채수 5컵
  (44쪽, 1ℓ, 또는 물)
- 소금 약간
- 올리브오일 약간
- 통후추 간 것 약간

병아리콩 양념
- 올리브오일 2큰술
- 넛맥가루 1작은술(생략 가능)
- 훈제 파프리카가루 약간(생략 가능)
- 소금 약간
- 통후추 간 것 약간

1 볼에 삶은 병아리콩, 병아리콩 양념을 넣고 섞는다.

2 당근은 껍질을 살짝 벗겨낸 후 한입 크기로 썬다.
   양파는 한입 크기로 썰고, 마늘은 굵게 다진다.
   • 당근 껍질에 영양이 많으므로 최소한으로 제거한다.

3 냄비에 양파, 소금, 올리브오일을 넣고 중강 불에서
   달궈지면 중간 불로 줄여 양파가 투명해질 때까지
   5분간 볶은 후 마늘, 다진 생강을 넣고 1~2분간
   향이 날 때까지 볶는다.

4 당근, 따뜻한 채수를 넣고 중간 불에서 10분간
   끓인 후 중약 불로 줄여 20분간 당근이 완전히 익고
   물이 자작하게 남을 때까지 끓인다.
   소금, 통후추 간 것을 넣고 중강 불에서 1분간
   끓인 후 불을 끄고 한 김 식힌다.

5 믹서에 ④를 넣고 간다. 그릇에 담고
   양념한 병아리콩을 올린다.
   • 추가로 훈제 파프리카가루, 통후추 간 것을
     뿌려도 좋다.

렌틸콩 토마토수프

렌틸콩은 단백질 함량이 높고 식이섬유가 풍부해서 다이어트 식품으로 제격이에요. 도전하고 싶은데 마땅한 방법을 찾지 못했다면 수프를 만들어보세요. 낱알 크기가 작아 수프에 더하기 좋답니다.

- 렌틸콩 1컵
- 토마토 1개
- 당근 1개
- 셀러리 15cm 2대
- 양파 1개
- 마늘 2쪽
- 토마토퓌레 1병(600~700g, 또는 토마토소스, 토마토홀)
- 타임 2~3줄기(또는 바질, 월계수잎)
- 따뜻한 수프용 채수 2컵
  (44쪽, 400㎖, 또는 물)
- 올리브오일 2큰술
- 소금 약간
- 통후추 간 것 약간

1 토마토, 당근, 셀러리, 양파는 사방 1cm 크기로
  썰고, 마늘은 굵게 다진다.

2 냄비에 올리브오일, 토마토, 당근, 셀러리, 양파를
  넣고 중강 불에서 냄비가 달궈지면 중간 불로 줄여
  5~7분간 볶은 후 마늘을 넣어 1분간 더 볶는다.

3 토마토퓌레, 타임을 넣고 섞은 후 중간 불에서
  3분간 끓인다.

4 렌틸콩, 따뜻한 채수를 넣고 끓어오르면 중약 불에서
  뚜껑을 덮고 중간중간 저어가며 20분간 끓인 후
  소금을 넣는다.

5 그릇에 담고 통후추 간 것을 뿌린다.

브로콜리 시금치 그린수프

녹색 채소의 영양을 가득 담은 이 수프는 세포 손상을 예방하고 체내 독소를 제거하는 데
도움을 줘요. 브로콜리는 갈았을 때 식감이 거칠 수 있는데, 시금치를 함께 넣으면
부드러워진답니다. 그린수프로 건강과 활력을 충전하세요.

- 브로콜리 1개
- 시금치 1줌
- 양파 1개
- 마늘 2쪽
- 따뜻한 수프용 채수 4컵
  (44쪽, 800㎖, 또는 물)
- 올리브오일 1큰술
- 소금 약간
- 통후추 간 것 약간
- 다진 파슬리 약간(생략 가능)

1 브로콜리는 작은 송이로 썰고, 시금치는 2등분한다. 양파는 가늘게 채 썰고,
   마늘은 굵게 다진다.

2 냄비에 올리브오일, 양파, 마늘, 소금을 넣고 중강 불에서 냄비가 달궈지면
   중간 불로 줄여 5분간 볶은 후 브로콜리를 넣어 1분간 볶는다.
   • 수프에 올릴 볶은 브로콜리 몇 개를 따로 빼둔다.

3 따뜻한 채수를 붓고 중강 불에서 끓어오르면 중간 불로 줄여 10분간 끓인다.

4 시금치를 넣고 숨이 죽을 때까지 끓인 후 불을 끈다. 통후추 간 것을 뿌리고
   한 김 식힌다.

5 믹서에 ④를 넣고 간다. 그릇에 담고 볶은 브로콜리 몇 개, 다진 파슬리를 뿌린다.

3

4

비트 당근 퍼플수프

비트와 당근의 붉은 색소 영양소인 베타인, 베타카로틴을 충분히 섭취할 수 있는 메뉴예요. 비트가 부담스러운 분도
당근 덕분에 훨씬 편하게 먹을 수 있답니다. 마지막에 그릭요거트를 더하면 산미가 더해져 맛이 또렷해져요.

- 비트 1개
- 당근 1개
- 양파 1개
- 올리브오일 1큰술
- 따뜻한 수프용 채수 2컵
  (44쪽, 400㎖, 또는 물)
- 소금 약간
- 통후추 간 것 약간
- 플레인 그릭요거트 2큰술(또는 레몬즙)
- 견과류 약간(해바라기씨, 잣 등)

1 비트는 필러로 껍질을 벗긴 후 사방 1.3cm 크기로
  썰고, 당근은 비트와 같은 크기로 썬다.
  양파는 대강 채 썬다.
  - 비트, 당근을 비슷한 크기로 썰어야 고르게
    익는다. 당근은 깨끗하게 씻어 최대한 껍질을
    섭취한다.

2 냄비에 올리브오일, 양파를 넣고 중약 불에서
  5~10분간 볶은 후 비트, 당근을 넣고
  5분간 더 볶는다.
  - 양파는 20분 이상 볶으면 더 맛있다.

3 따뜻한 채수를 붓고 비트와 당근이 부드러워질
  때까지 중간 불에서 25분간 끓인다. 불을 끄고
  소금, 통후추 간 것을 넣은 후 한 김 식힌다.
  - 타임이나 월계수잎을 추가해도 좋다.

4 믹서에 ③을 넣고 곱게 간다. 그릇에 담고
  그릭요거트, 견과류를 넣는다.

크리미 양파 버섯수프

크림 대신 두부와 두유를 넣어 크리미하고 풍부한 맛을 냈어요. 익숙한 맛에 재료도 간단해서 누구나 쉽게 만들어 즐길 수 있답니다. 한 가지 버섯을 사용하는 것보다 여러 가지를 섞어 사용해야 풍미가 깊어요.

- 버섯 10줌(500g, 느타리버섯, 새송이버섯, 표고버섯 등)
- 양파 2개
- 마늘 2쪽
- 두부 2/3모(200g)
- 화이트와인 1/4컵(50㎖, 생략 가능)
- 월계수잎 1장
- 올리브오일 약간
- 따뜻한 수프용 채수 2컵(44쪽, 400㎖, 또는 물)
- 무가당 두유 1/2컵(100㎖)
- 소금 약간
- 송송 썬 쪽파 약간(생략 가능)
- 통후추 간 것 약간

1 버섯, 양파는 0.3cm 두께로 썰고, 마늘은 굵게
   다진다.

2 팬에 올리브오일 두르고 중강 불에서 달궈지면
   양파를 넣고 중약 불로 줄여 15~20분간 볶는다.

3 버섯, 마늘을 넣고 버섯이 노릇해지고
   수분이 나오면서 부드러워질 때까지 중간 불에서
   5~7분간 볶는다.
   • 수프에 올릴 볶은 버섯 몇 개를 따로 빼둔다.

4 화이트와인을 넣고 중간 불에서 1~2분간 끓여
   알코올을 날린 후 따뜻한 채수, 월계수잎을 넣는다.
   두부를 부숴 넣고 소금을 넣어 끓어오르면
   중약 불에서 10분간 끓인 후 불을 끄고 식힌다.

5 믹서에 ④, 두유를 넣고 간다.
   • 농도가 너무 되직하면 두유를 더 넣는다.

6 그릇에 담고 볶은 버섯 몇 개, 송송 썬 쪽파,
   통후추 간 것을 뿌린다.

자투리 채소 무수분수프

냉장고에 애매하게 남아있는 재료를 처리하기 위해 우연히 이것저것 넣어서 만들었는데 생각보다 맛있고 고급스러워서
놀랐던 요리예요. 물을 따로 넣지 않고 채소의 수분만을 사용해 맛이 더욱 깊답니다.

1~2인분 40~45분

- 적양배추 1/4통(또는 양배추)
- 당근 1/2개
- 애호박 2/3개
- 표고버섯 3개
- 양파 1개
- 마늘 3쪽
- 방울토마토 30개
  (또는 토마토 3개)
- 올리브오일 약간
- 소금 약간
- 통후추 간 것 약간
- 그라나파다노치즈 약간
  (생략 가능)

양념
- 참치액 1작은술
- 간장 1작은술
- 고춧가루 1작은술
- 바질가루 1/2작은술

1 적양배추는 심지 부분을 살려 2~3조각으로 자른다. 당근, 애호박, 표고버섯은
   한입 크기로 썰고, 양파, 마늘은 잘게 썬다.

2 팬에 올리브오일(1큰술), 소금을 넣고 적양배추, 당근, 애호박, 표고버섯을 넣는다.
   뚜껑을 덮고 중약 불에서 15분간 찌듯이 익힌 후 그릇에 덜어둔다.

3 팬에 올리브오일(1큰술), 양파, 마늘을 넣고 중간 불에서 3~4분간
   양파가 투명해질 때까지 볶는다.

4 방울토마토를 넣고 뚜껑을 덮어 중약 불에서 10분간 익힌 후
   방울토마토를 주걱으로 대강 으깬다.

5 양념을 넣고 섞은 후 ②에서 덜어둔 채소를 가지런히 넣는다.
   중간 불에서 3분간 익힌 후 불을 끄고 통후추 간 것을 뿌린다.
   그라나파다노치즈를 갈아서 뿌린다.

TIP 냄비 사용하기
가급적 무수분 요리가 가능한 주물냄비를 사용하고,
없다면 ④에서 물을 아주 자작할 정도로 추가한다.

TIP 방울토마토 대신 토마토 사용하기
토마토는 한입 크기로 썰고, 과정 ④에서 주걱으로 으깨는 과정을 생략한다.

2

4

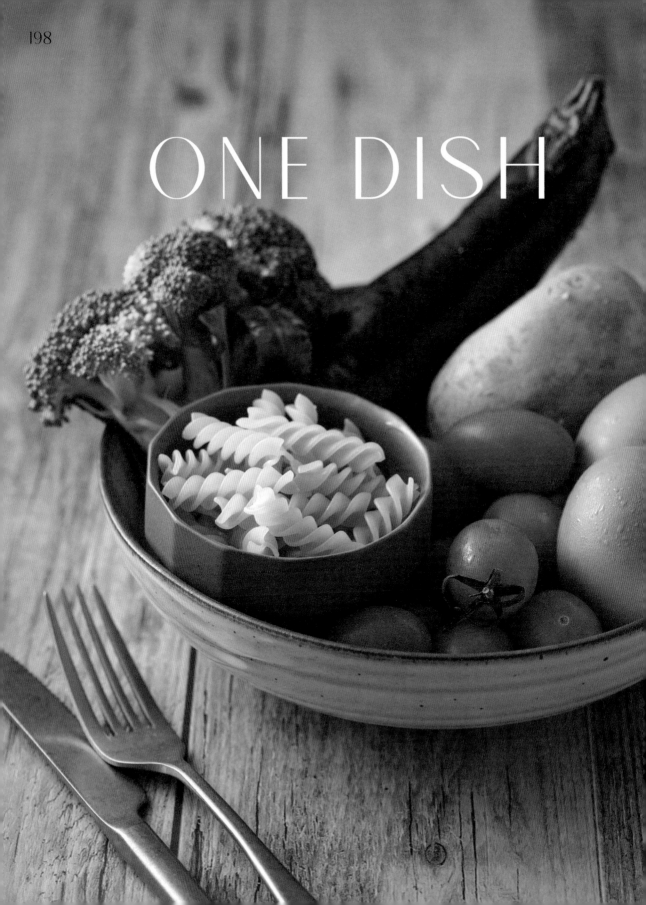

ONE DISH

탄수화물, 단백질까지 든든하게 더한
한 그릇 식사

저는 수프나 샐러드로 간단히 한 끼를 먹는 것을 선호해요. 하지만 가족들과 먹을 때는 아무래도 좀 더 든든한 음식을 준비하는 편입니다. 그런데 밥을 하고, 국을 끓이고, 반찬을 준비하다 보면 1~2시간을 주방에 서서 요리하게 돼요. 한 끼를 준비하는 시간이 길어지면 에너지가 많이 소모되고, 결과적으로 건강한 집밥에서 멀어질 수 있습니다. 그래서 저는 이것저것 차릴 필요 없이 만드는 사람도, 먹는 사람도 간편한 한 그릇 식사를 선호해요. 특히 주물로 된 납작한 냄비나 팬에 요리해서 식탁 위에 그대로 올려 따뜻하게 먹는 메뉴를 좋아하지요.

여기에는 그런 요리를 담았어요. 바쁜 일상에서 간편하고 부담 없이 만들 수 있으면서, 탄수화물이나 단백질을 더해 더 든든하게 먹을 수 있는 한 그릇. 가족과 함께 먹을 때나 평소보다 조금 더 에너지가 필요한 날 만들어 보세요.

달걀찜과 무지개색 채소 양배추쌈

드레싱을 만들기 귀찮을 때 자주 사용하는 방법이에요. 각각의 재료를 간단히 양념하면 드레싱 없이도 맛있답니다.
여기에 달걀찜을 더해 든든한 건 물론이고, 반숙으로 익힌 달걀에 채소를 찍어 먹으면 색다른 맛을 느낄 수 있어요.

밀프렙

- 당근 1개
- 가지 1개
- 애호박 1개
- 표고버섯 6개
- 파프리카 1개

당근 양념
- 홀그레인 머스터드 약간
- 소금 약간
- 통후추 간 것 약간
- 올리브오일 약간

가지·표고버섯 양념
- 참치액 약간
- 들기름 약간
- 통깨 약간
- 통후추 간 것 약간

애호박 양념
- 소금 약간
- 들기름 약간

완성 재료(1회분)
- 양배추 5~6장
- 달걀 1개
- 참기름 약간
- 통후추 간 것 약간
- 저염 토마토 고추장 1큰술
  (89쪽, 또는 쌈장)

밀프렙하기

1 당근, 가지, 애호박은 길이 5cm, 두께 1.3~1.5cm의 막대 모양으로 썬다.
표고버섯은 기둥을 제거하고 1cm 두께로 썰고, 파프리카는 1.3cm 두께로 썬다.
- 당근은 익는 시간이 조금 더 걸리니 애호박이나 가지보다 얇게 썬다.

2 밀폐용기에 1회 분량씩 재료를 나눠 담는다.

완성하기

3 밀폐용기 한 통을 꺼내 찜기에 재료를 넣고 양배추를 넣는다. 작은 그릇의 안쪽에
참기름을 바르고 달걀을 깨 넣는다.

4 냄비의 물이 끓어오르면 찜기를 올리고 뚜껑을 덮는다.
중간 불에서 아삭한 식감을 원하면 5분, 부드러운 식감을 원하면 7분간 찐 후
약한 불에서 2분간 뜸을 들인다.

5 당근, 가지, 표고버섯, 애호박을 각각 양념하고, 달걀에 통후추 간 것을 뿌린다.

6 그릇에 밀프렙 채소와 양배추, 달걀, 토마토 고추장을 담고 양배추에 채소를
싸먹거나 각각 먹는다.

떠먹는 감자 브로콜리볶음

탄수화물이 풍부한 감자를 더해 밥 대신 먹기 좋은 메뉴예요. 감자를 찌거나 삶으면 저항성 전분을 형성해
천천히 소화되고, 포만감을 오래 느낄 수 있어요. 모든 재료를 잘게 썰어야 숟가락으로 떠먹기 좋답니다.

- 감자 2개
- 브로콜리 1/2개
- 양파 1개
- 당근 1개
- 소금 약간
- 올리브오일 약간
- 따뜻한 물 3/4컵(150㎖)
- 참치액 1큰술
- 크러쉬드 레드페퍼 1작은술(생략 가능)
- 통후추 간 것 약간

2

5

1 감자 껍질에 십(+)자 모양으로 칼자국을 낸다.
   브로콜리는 큰 송이로 썰고, 양파와 당근은
   0.2~0.3cm 두께로 채 썬다.
   - 감자를 껍질째 찌면 영양소와 맛의 손실을
     최소화할 수 있다.

2 찜기에 감자, 브로콜리를 넣고 냄비의 물이
   끓어오르면 찜기를 올려 중간 불에서 3분간
   찐 후 브로콜리를 뺀다. 감자는 포크로 찔렀을 때
   부드럽게 들어갈 때까지 20분간 더 찐다.
   - 감자의 크기에 따라 찌는 시간을 조절한다.

3 브로콜리는 굵게 다지고, 감자는 껍질을 벗겨
   2등분한 후 0.3cm 두께로 썬다.

4 팬에 양파, 당근, 소금(2꼬집), 올리브오일(2큰술)을
   넣고 중강 불에서 팬이 달궈지면 중간 불로 줄여
   5분간 볶는다.

5 브로콜리, 감자, 소금(약간), 올리브오일(약간),
   따뜻한 물, 참치액, 크러시드 레드페퍼를 넣고
   중강 불에서 팬 바닥의 물이 끓기 시작하면
   꾸덕해질 때까지 재료를 볶는다.

6 그릇에 담고 통후추 간 것을 뿌린다.
   - 검은깨나 크러쉬드 레드페퍼, 올리브오일을
     추가해도 좋다.

오이절임과 두부밥을 곁들인 오믈렛

여러 가지 채소와 두부, 달걀까지 꽉 찬 영양을 담은 한 그릇이에요. 재료뿐만 아니라 한 그릇 안에 다양한 조리법을 사용해 다채로운 맛을 즐길 수 있답니다. 오이절임은 미리 만들어두면 훨씬 편해요.

- 오이 2개
- 두부 1모(300g)
- 당근 1개
- 양파 1/2개
- 방울토마토 6개
- 달걀 6개
- 올리브오일 약간
- 소금 약간
- 통후추 간 것 약간
- 강황가루 약간

오이 양념
- 천연발효 사과식초 2큰술
- 비정제원당 1작은술
- 크러쉬드 레드페퍼 1작은술
- 소금 1/2작은술

달걀 양념
- 들기름 약간(또는 참기름)
- 생강가루 약간
- 소금 약간

오이절임

1 오이는 길게 2등분한 후 0.3cm 두께로 썰어 오이 양념과 섞는다.
- 크링클커터를 사용하면 모양이 예쁘다.

두부밥

2 두부는 물기를 빼고 칼 옆면으로 곱게 으깬다.

3 팬에 올리브오일(약간)을 두르고 중강 불에서 팬이 달궈지면 두부를 넣어
포슬포슬해질 때까지 볶아 수분을 날린다. 불을 끄고 소금(약간), 통후추 간 것,
강황가루를 넣고 섞은 후 그릇에 덜어둔다.

오믈렛

4 당근은 5cm 길이로 썬 후 0.2~0.3cm 두께로 채 썰고, 양파도 비슷한 두께로
썬다. 방울토마토는 2등분한다. 볼에 달걀을 풀고 달걀 양념 재료를 넣어 섞는다.

5 달군 팬에 올리브오일(1큰술), 양파를 넣고 중간 불에서 1분간 볶은 후
당근, 소금(약간)을 넣어 1분간 볶는다. 방울토마토, 소금(1꼬집)을 넣고
1분간 볶은 후 불을 끈다. 통후추 간 것을 넣어 섞고 그릇에 덜어둔다.

6 팬을 키친타월로 닦은 후 달걀물을 1/3분량 혹은 1/2분량 넣고
약한 불에서 5분간 천천히 익힌다.
윗면이 50% 정도 익으면 ⑤에서 덜어둔 재료를 적당량 넣고
재료가 1/3 정도 보이게 덮는다.
- 인분수에 맞게 달걀을 2~3번에 나눠 부친다.

7 그릇에 오믈렛, 두부밥, 오이절임을 나눠 담는다.

1

3

6

퀴노아 콥샐러드 160쪽

브로콜리 양배추팬케이크

식사 대용으로, 간식으로 좋은 채소 팬케이크예요. 채소를 잘게 다져 넣어 어린이나 채소를 좋아하지 않는 분도 맛있게 먹을 수 있습니다. 반죽에 달걀을 더해 영양을 보강하고 식감도 부드러워요.

- 브로콜리 1/2개
- 양배추 1/5통
- 당근 1개
- 달걀 3개
- 소금 1/2작은술
- 통후추 간 것 약간
- 올리브오일 3큰술
- 다진 파슬리 약간(생략 가능)

1 브로콜리, 양배추, 당근은 푸드프로세서(또는 칼)로 잘게 다진다.

2 볼에 브로콜리, 양배추, 당근, 달걀, 소금, 통후추 간 것을 넣고 섞는다.

3 팬에 올리브오일을 두르고 중간 불에서 달궈지면 ②의 반죽을 한 국자씩 넣어 둥그렇게 펼친다.

4 중약 불에서 5분간 익혀 한쪽이 익으면 뒤집어 반대편도 4~5분간 익힌다.
　• 두께에 따라 익히는 시간을 조절한다.

5 그릇에 담고 다진 파슬리를 뿌린다.

원팬 아보카도 에그팬케이크

밥 먹기 싫은 주말 브런치로 추천하는 메뉴예요. 아보카도, 토마토, 달걀로 만들어 건강한 지방과 단백질도
풍부하게 섭취할 수 있답니다. 무엇보다 팬 하나로 만들 수 있어서 간편해요.

- 양파 1개
- 방울토마토 10개
- 아보카도 1개(또는 냉동 아보카도 1컵)
- 달걀 5개
- 소금 1꼬집
- 올리브오일 1큰술
- 그라나파다노치즈 약간

양념
- 그라나파다노치즈 간 것 2/3컵
- 고춧가루 1/2작은술(생략 가능)
- 소금 약간
- 통후추 간 것 약간

1 양파는 0.3cm 두께로 채 썰고,
   방울토마토는 2~3등분한다.
   아보카도는 사방 1cm 크기로 썬다.

2 팬에 올리브오일, 소금, 양파를 넣고 중간 불에서
   달궈지면 중약 불로 줄여 5분간 타지 않게 볶은 후
   방울토마토, 아보카도를 넣어 1분간 볶는다.

3 ②의 채소 위에 달걀을 깨 넣고 양념을 넣어 골고루
   섞는다.

4 뚜껑을 덮고 약한 불에서 18~20분간
   달걀이 부드러워질 때까지 익힌다.

5 그릇에 담고 그라나파다노치즈를 갈아 뿌린다.

두부마요네즈 양배추
감자매쉬와 샌드위치

마요네즈 부담 없이 먹을 수 있는
감자샐러드예요. 감자, 달걀 외에 양배추를
넣어 채소 비율을 높이고, 마요네즈 대신
두부를 으깨서 넣었습니다.
빵에 발라 먹으면 더 맛있어요.

- 양배추 4~5장
- 양파 1개
- 감자 2개
- 달걀 3개
- 소금 2작은술
- 올리브오일 약간
- 통후추 간 것 약간
- 다진 파슬리 약간(생략 가능)

두부마요네즈
- 두부 1모(300g)
- 파슬리 1줌
- 올리브오일 2큰술
- 홀그레인 머스터드 1큰술
- 꿀 2큰술(또는 올리고당, 알룰로스)
- 레몬즙 2큰술
- 소금 1작은술

1 양배추, 양파는 사방 1cm 크기로 썰어 소금을 넣고
10분간 절인 후 면포에 감싸 물기를 짠다.

2 감자는 껍질째 4등분한다.

3 찜기에 감자, 달걀, 두부를 넣고 냄비의 물이
끓어오르면 찜기를 올려 5분간 찐 후 두부를 꺼내
식힌다. 10분 후에 달걀을 꺼내고, 5분간 더 찐 후
감자를 꺼낸다.
  • 감자를 포크로 찔렀을 때 부드럽게 들어갈 때까지
    익힌다.

4 푸드프로세서에 두부마요네즈 재료를 넣어 곱게 간다.

5 볼에 껍질 벗긴 감자를 넣고 껍데기를 벗긴 달걀을
손으로 대강 잘라 넣은 후 매셔로 으깬다.
  • 뜨거울 때 으깨야 잘 으깨진다.

6 ⑤의 볼에 ①의 양배추와 양파, 두부마요네즈(8큰술),
통후추 간 것 넣고 섞는다.
  • 기호에 따라 원하는 질감이 되도록 두부마요네즈 양을
    조절한다.

7 그릇에 담고 올리브오일, 통후추 간 것, 다진 파슬리를
뿌린다. 그대로 먹거나 빵에 발라 먹는다.

TIP 남은 두부마요네즈 활용하기
사용하고 남은 두부마요네즈는 채소스틱을
찍어 먹거나 빵에 발라 먹는다.

아몬드 간장 채소비빔밥

샐러드로는 절대 만족하지 않는 아들도 좋아하는 메뉴 중 하나예요. 재료를 얇게 썰어야 여러 가지 채소를
한입에 먹을 수 있답니다. 드레싱만 따로 담아 점심 도시락으로 준비해도 좋아요.

- 밥 3~5큰술
- 방울토마토 12개
- 당근 1/2개
- 양배추 3장
- 적양파 1개(또는 양파)
- 파프리카 1개
- 쪽파 4~5줄기
  (또는 대파 초록 부분)

아몬드 간장비빔장
- 아몬드가루 2큰술
- 통깨 1큰술
- 간장 1큰술
- 참치액 1/2큰술
- 레몬즙 2큰술
- 참기름 1큰술
- 꿀 1큰술
  (또는 올리고당, 알룰로스)
- 다진 마늘 1/2작은술

1 당근, 양배추, 적양파, 파프리카는 0.2~0.3cm 두께로 채 썰고,
  쪽파는 5cm 길이로 썬다.

2 방울토마토는 2~3등분한다.

3 볼에 아몬드 간장비빔장 재료를 넣고 섞는다.

4 그릇에 밥과 채소를 담고 아몬드 간장비빔장을 넣어 비벼 먹는다.

TIP 아몬드가루 대체하기
아몬드가루 대신 아몬드를 곱게 다져서 사용해도 된다. 단, 아몬드가루를 사용하는
것보다 부드러운 질감을 낼 수 없다.

핑크 무피클 132쪽

브로콜리 토마토파스타

흔히 파스타는 건강과 거리가 멀 거라고 생각하지만, 듀럼밀이나 통밀 파스타를 사용하면 든든하고 맛있게 먹으면서
건강까지 챙길 수 있어요. 소스를 따로 사용하지 않고 간단한 양념만으로 맛을 내 더 특별하답니다.

- 유기농 듀럼밀 펜네 1컵
  (또는 푸실리)
- 방울토마토 25개
- 브로콜리 1개
- 양송이버섯 6개(또는 표고버섯)
- 양파 1개
- 마늘 3쪽
- 소금 약간
- 올리브오일 약간

소스
- 크러쉬드 레드페퍼 1/2작은술
- 바질가루 1/3작은술
- 넛맥가루 약간
- 참치액 2작은술

1 끓는 물에 펜네를 넣고 포장지에 적힌 시간대로 삶은 후 체에 받쳐 물기를 뺀다. 이때 펜네 삶은 물(1/2컵)을 덜어둔다.

2 브로콜리는 잘게 썰고, 양송이버섯은 0.5cm 두께로 썬다. 양파는 사방 1cm 크기로 썰고, 마늘은 굵게 다진다. 방울토마토는 2등분한다.

3 팬을 약간 달군 후 올리브오일(1큰술), 양파, 마늘, 소금(1꼬집)을 넣어 중약 불에서 5분간 양파가 투명해질 때까지 천천히 볶는다.

4 방울토마토, 올리브오일(1큰술), 소금(1꼬집)을 넣고 중간 불에서 1분간 볶은 후 뚜껑을 덮고 약한 불~중약 불에서 중간중간 섞어가며 10분간 익힌다.
  • 바닥에 눌어붙지 않도록 불 세기를 약하게 조절하며 볶는다.

5 브로콜리, 양송이버섯, 소스 재료를 넣고 중간 불에서 2분간 볶는다.

6 펜네, 펜네 삶은 물(3~4큰술)을 넣고 중강 불에서 1~2분간 꾸덕하게 볶은 후 그릇에 담는다.
  • 올리브오일, 그라나파다노치즈를 뿌려도 좋다.

TIP 파스타 고르기
듀럼밀은 일반 밀에 비해 풍부한 식이섬유와 단백질을 함유해 소화를 천천히 하도록 돕고 혈당의 급격한 상승을 막는다. 온라인에서 구입할 수 있다.

1

6

땅콩버터 간장소스의
토마토 오이 샐러드 파스타

더운 여름 아삭하고 시원한 토마토와 오이에 땅콩버터 간장소스를 올려 먹으면 집나간 입맛도 돌아와요.
채소만 먹어도 맛있고, 파스타를 곁들이면 한 끼 식사로 그만입니다.

(2~3회분) (25~30분)

- 통밀 스파게티 70g
  (또는 다른 파스타)
- 오이 3개
- 토마토 3개
- 적양파 1개
- 올리브오일 약간
- 발사믹식초 약간
- 통후추 간 것 약간

땅콩버터 간장소스
- 무가당 땅콩버터 1큰술
- 올리브오일 6큰술
- 발사믹식초 4큰술
- 간장 1큰술
- 레몬즙 2큰술
- 다진 마늘 2쪽
- 소금 약간
- 통후추 간 것 약간

1 끓는 물에 스파게티를 넣고 포장지에 적힌 시간대로 삶은 후 체에 밭쳐 물기를 뺀다.

2 오이, 토마토는 사방 1cm 크기로 썰고, 적양파는 사방 0.6cm 크기로 썬다.

3 볼에 땅콩버터 간장소스를 섞은 후 오이, 토마토, 적양파를 넣고 버무린다.
  • 여기까지 만든 후 샐러드로 즐겨도 좋다.

4 그릇에 스파게티를 담고 올리브오일, 발사믹식초, 통후추 간 것을 뿌린 후 ③의 채소를 올린다.

TIP 더 감칠맛 나게 즐기기
  땅콩버터 간장소스에 스파게티와 채소를 넣고 버무린다.

SMOOTHIE

스무디 만들기 TIP • 위가 약한 분들은 재료를 쪄서 갈면 편하게 마실 수 있습니다.

• 여름에는 냉동 재료를 사용하거나 얼음을 함께 갈아 시원하게 즐겨도 좋습니다.

채소와 친해지는 가장 쉬운 방법
스무디

몸에 쌓인 독소를 청소하는데 가장 효과적인 방법은 다양한 종류의 채소를 섭취하는 거예요. 채소에는 식이섬유와 파이토케미컬이 풍부해 장내 세균총을 건강하게 만들고, 자연스럽게 면역력도 향상되지요.

그러나 여러 종류의 채소를 한꺼번에 섭취하는 것은 쉽지 않아요. 이런 경우 채소를 갈아 스무디로 만들어 먹는 방법이 좋습니다. 다양한 색깔과 종류의 채소를 사용하면 각기 다른 파이토케미컬을 섭취할 수 있어 더 큰 건강 효과를 기대할 수 있어요.

우선 피부 상태가 눈에 띄게 개선됩니다. 건강한 장을 만들면 피부 트러블이 줄어들고 피부 톤이 고르게 되며, 생기 있는 피부를 유지할 수 있답니다. 저는 피곤할 때마다 입술 주변에 뾰루지가 생겼는데, 스무디를 먹기 시작한 후로는 더이상 나지 않아요. 로션과 크림을 발라도 건조했던 피부가 지금은 세수를 한 직후에도 심하게 건조하지 않지요. 정말 놀라운 변화예요!

비트
핑크스무디

보기만 해도 고운 빛깔의 스무디예요.
모든 재료를 쪄서 사용하기 때문에
소화가 훨씬 잘 된답니다. 비트
특유의 향이 부담스럽다면 비트 양을
줄이거나 레몬즙을 더 넣어보세요.

적양배추
당근스무디

적양배추는 양배추보다 알싸한 맛이
덜하고 향도 약해서 더 편하게 마실
수 있어요. 만약 소화에 어려움을
겪는다면 적양배추도 당근, 애호박과
함께 쪄서 사용하세요.

비트 핑크스무디

(1ℓ분) (25~30분)

- 비트 1/2개
- 당근 1/2개
- 토마토 3개
- 양배추 1/4통
- 레몬즙 6~9큰술
- 코코넛워터 2컵
  (400㎖, 또는 생수)

1 비트, 당근은 2~3등분한다.

2 찜기에 비트, 당근, 토마토, 양배추를 넣고 냄비의 물이 끓어오르면 찜기를 올려
   중간 불에서 4~5분간 찐 후 양배추를 뺀다. 나머지 재료는 10분간 더 찐다.
   한 김 식힌 후 비트의 껍질을 벗긴다.

3 믹서에 모든 재료를 넣고 부드럽게 간다.
   • 생수로 농도를 조절한다. 마실 때 올리브오일을 약간 넣으면 맛이 더 풍부하다.

적양배추 당근스무디

(1ℓ분) (10~15분)

- 적양배추 1/4통
- 사과 1개
- 당근 1개
- 애호박 1개
- 레몬즙 4~6큰술
- 생수 2컵(400㎖)

1 적양배추, 사과는 적당한 크기로 썬다.

2 당근, 애호박은 적당한 크기로 썰어 찜기에 넣는다. 냄비의 물이 끓어오르면
   찜기를 올려 중간 불에서 4분간 찐 후 완전히 식힌다.

3 믹서에 모든 재료를 넣고 부드럽게 간다.

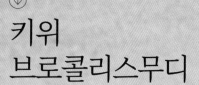

키위
브로콜리스무디

새콤한 맛의 키위, 사과 덕분에 남녀노소
맛있게 먹을 수 있는 그린스무디예요.
애매하게 먹고 남은 상추가 있을 때도
좋은 선택이랍니다.

마 블루베리
두유스무디

마의 끈적한 성분인 뮤신이
위벽을 보호하고, 혈당 관리와
원기 회복에도 효능이 있어요.
다만 처음에는 한 번에 많은 양을
먹지 말고, 몸이 적응할 수 있는
시간을 줘야 해요.

키위 브로콜리스무디

1ℓ분   5~10분

- 브로콜리 1개
- 상추 6장
- 사과 1개
- 키위 1개
- 레몬즙 4~6큰술
- 코코넛워터 1컵
  (200㎖, 또는 생수)

1 브로콜리는 작은 송이로 썰어 찜기에 넣는다. 냄비의 물이 끓어오르면 찜기를 올려 중간 불에서 2분~2분 30초간 찐 후 완전히 식힌다.
- 실리콘 지퍼백에 물(1큰술)과 함께 넣고 전자레인지에 2분간 돌려도 된다. 미리 쪄서 냉장 혹은 냉동 보관하면 편하다.

2 키위는 껍질을 벗긴 후 2~4등분한다. 상추, 사과는 적당한 크기로 썬다.

3 믹서에 모든 재료를 넣고 부드럽게 간다.
- 생수로 농도를 조절한다.

1

마 블루베리 스무디

1ℓ분   5~10분

- 마 2개(600g)
- 냉동 블루베리 2컵
- 무가당 두유 2컵(400㎖)

1 마는 위생장갑을 끼고 필러로 껍질을 벗긴 후 대강 썬다.

2 믹서에 모든 재료를 넣고 부드럽게 간다.

224

음료 버전

아이스 버전

아보카도 코코넛스무디 음료 버전 & 아이스 버전

냉동 재료를 사용하면 아이스크림 대신 시원하게 먹기 좋아요. 아보카도, 바나나, 코코넛워터 등을 사용해 특히 질감이 부드럽답니다.

- 케일 3~4장(또는 로메인, 시금치)
- 아보카도 2개(또는 냉동 아보카도 2컵)
- 브로콜리 1개
- 바나나 2개(또는 파인애플)
- 레몬즙 4~6큰술
- 코코넛워터 2컵(400㎖, 또는 생수)

1 브로콜리는 작은 송이로 썰어 찜기에 넣는다. 냄비의 물이 끓어오르면 찜기를 올려 중간 불에서 2분~2분 30초간 찐 후 완전히 식힌다.

2 케일, 아보카도, 바나나는 적당한 크기로 썬다.

3 믹서에 모든 재료를 넣고 부드럽게 간다.
- 생수로 농도를 조절한다.

TIP 아이스 버전으로 즐기기
케일, 아보카도, 브로콜리, 바나나를 냉동해서 사용한다.

1

용도별 메뉴 찾기

이 책과 함께 보면 좋은 **'건강 잡는' 요리책 시리즈**

〈 매일 만들어 먹고 싶은 식사샐러드 〉
로컬릿 남정석 지음 / 152쪽

채소요리 전문 셰프의
아침, 점심, 저녁 식사로 제격인 샐러드

- ☑ 쉽게 구할 수 있는 제철 채소와 양념을 사용해
  누구나 쉽게 따라 만들 수 있는 레시피

- ☑ 다채로운 채소요리로 사랑받는 이탈리안 레스토랑
  '로컬릿' 남정석 셰프의 한 끗 다른 샐러드 비법

- ☑ 두부, 달걀, 육류, 해산물, 통곡물 재료를 더해
  아침, 점심, 저녁 식사로 충분한 식사샐러드

- ☑ 레시피팩토리 애독자들이 사전 검증해
  믿고 따라 할 수 있는 식사샐러드

사찰 음식 전문 셰프의
쉽고, 맛있는 채식지향자를 위한 한식

- ☑ 밥과 죽, 면과 별식, 주전부리, 채소 보양식 등
  다채로운 채식 레시피 106가지

- ☑ 오신채를 사용하지 않고 제철 재료로 만들어
  몸과 마음이 편안해지는 채식지향 한식

- ☑ 다양한 콩류와 두부류, 식물성 기름을 적극 사용해
  채식이지만 영양이 부족하지 않은 레시피

- ☑ 흔한 재료와 기본 양념만으로 친숙한 듯
  새로운 메뉴를 완성하는 셰프의 한 끗 다른 노하우

〈 매일 만들어 먹고 싶은 비건 한식 〉
정재덕 지음 / 220쪽

영양 밸런스 딱 맞춘
만들기도, 먹기도 편한 한그릇 건강식

- ☑ 일상의 건강식은 물론 도시락, 브런치로 좋은
  포케볼, 샐러드볼, 요거트볼, 수프볼 55가지

- ☑ 열량 250~600kcal, 탄단지 비율 약 50 : 25 : 25로
  균형 있게 개발한 간편하고 맛있는 한 끼

- ☑ 건강 다이어트 요리잡지 〈더라이트〉 헤드쿡이었던
  저자의 꼼꼼한 영양분석과 맛 보장 레시피

- ☑ 식사 준비를 수월하게 하는 밀프렙 방법,
  냉장고 재료를 소진할 대체재료 활용법 소개

〈 매일 만들어 먹고 싶은 탄단지 밸런스 건강볼 〉
배정은 지음 / 180쪽

맛있는 일상의 저당식으로
가족 건강 지킨 영영사 주부의 실전 노하우

- ☑ 백반 세트 50%, 한그릇 별미밥 도시락 25%,
  별식 도시락 25%로 구성한 일주일 식단 레시피

- ☑ 일주일에 한번 한꺼번에 만드는 반찬데이,
  밀프렙을 활용한 당일 조리의 효율적 준비 방식

- ☑ 혈당과 과식 방어가 가능한 식전샐러드, 기호에
  따라 고를 수 있는 잡곡밥 완벽하게 정리

- ☑ 나에게 필요한 섭취량 계산법, 맞춤 식단
  구성법으로 나만의 식단을 구성하는 방법 소개

〈 당뇨 잡는 사계절 저당 식단&도시락 〉
임재영 지음 / 312쪽

. . . .
만성염증과 독소 잡는

쿡언니네 채소 항염식

VEGGIE RECIPE

1판 1쇄 펴낸 날	2025년 1월 15일
1판 2쇄 펴낸 날	2025년 1월 24일

편집장	김상애
책임편집	고영아
디자인	임재경
사진	박형인(studio TOM)
요리 어시스트	이경윤
기획 · 마케팅	내도우리, 엄지혜

편집주간	박성주
펴낸이	조준일

펴낸곳	(주)레시피팩토리
주소	서울특별시 용산구 한강대로 95 래미안용산더센트럴 A동 509호
대표번호	02-534-7011
팩스	02-6969-5100
홈페이지	www.recipefactory.co.kr
애독자 카페	cafe.naver.com/superecipe
출판신고	2009년 1월 28일 제25100-2009-000038호

제작 · 인쇄	(주)대한프린테크

값 23,000원

ISBN 979-11-92366-47-0